U0384933

本书受以下单位及项目资助：
云南大学"211 工程"民族学重点学科建设项目
云南省哲学社会科学创新团队云南省民族文化多样性田野调查与民族志研究项目
云南省西南边疆民族文化传承传播与产业化协同创新中心建设项目

与草原共存

——哈日干图草原的生态人类学研究

乌尼尔　著

知识产权出版社

全国百佳图书出版单位

图书在版编目（CIP）数据

与草原共存：哈日干图草原的生态人类学研究/乌尼尔著. —北京：知识产权出版社，2014.4

ISBN 978 - 7 - 5130 - 2676 - 5

Ⅰ. ①与… Ⅱ. ①乌… Ⅲ. ①草原保护—人类生态学—研究—中国 Ⅳ. ①S812.6②Q988

中国版本图书馆 CIP 数据核字（2014）第 067815 号

在最近 60 年间，哈日干图草原的生态严重恶化，外来文化和政策的影响是直接原因，但究其根由，不同文化之间的冲突与不相融合才是症结所在。本文以哈日干图草原生态变迁为主线，以时间顺序追溯当地文化变迁和生态环境变迁的脉络，厘清当地原住牧民、外来移民以及国家政策之间的相互作用关系，分析哈日干图草原文化复合体中的多重矛盾，提出不同文化之间以及传统文化与国家政策之间的和谐才是维护草原良好生态环境的保障。

责任编辑：石红华　　　　　　　　**责任出版：刘译文**

与草原共存——哈日干图草原的生态人类学研究
YU CAOYUAN GONGCUN ——HARIGANTU CAOYUAN DE SHENGTAIRENLEIXUE YANJIU
乌尼尔　著

出版发行：知识产权出版社有限责任公司	网　址：http：//www.ipph.cn
社　址：北京市海淀区马甸南村 1 号	邮　编：100088
责编电话：010-82000860 转 8130	责编邮箱：shihonghua@ sina.com
发行电话：010-82000860 转 8101/8102	发行传真：010-82000893/82005070/82000270
印　刷：北京市凯鑫彩色印刷有限公司	经　销：各大网上书店、新华书店及相关专业书店
开　本：787mm×1092mm　1/16	印　张：13.25
版　次：2014 年 10 月第 1 版	印　次：2014 年 10 月第 1 次印刷
字　数：195 千字	定　价：38.00 元

ISBN 978-7-5130-2676-5

编委会

总　　序

我们正处在一个社会文化和生态环境急剧变迁的时代。

当代地球生态环境严重退化、恶化，众所周知，其原因主要有两方面。一是缺失必需的伦理、法规和保障机制：缺失全民高度尊崇、严格自我约束的生态环境伦理道德，缺失公民和族群所具有的生态和资源权益不受侵犯的有效法规，缺失资源环境开发利用必不可少的高度民主、公开、透明、科学的评估及决策机制，缺失健全、有效和权威的生态环境保护法律法规。二是人类狂妄、愚昧、劣性的膨胀：如以人类中心主义的思维方式行事，对大自然为所欲为；坚持文化中心主义，否定文化多样性，不尊重地方性知识和不同民族的传统知识；经济、物质至上，为追求利益而不惜破坏生态环境；以牺牲环境和资源为代价片面追求发展，制造生态灾难；盛行高能、高耗、高碳的生产方式和生活方式，大量消耗自然资源，严重破坏、污染生态环境；迷信科学技术，盲目采用不安全的新技术和化学物质，酿成环境灾难等。

近三十年来，对工业社会的生态环境观及其盲目开发发展行为的深刻反思和批判，已成潮流，主要反映在三个层次：一是人与自然关系的讨论，二是文化多样性价值和意义的再认识，三是不同地域、不同民族传统生态知识的发掘、整理和利用。三个层次的反思、讨论和探索，刺激了学术的创新，促进了某些学科的发展。例如最近二十年来，重新审视历史和自然，重新认识社会历史变迁与生态环境的相互关系，将古今生态环境演变的规律一并纳入视野的整合性的名之为"环境史"的研究，便成了史学界的一个新的分野。与此相对应，作为横向的尚未被现代化和全球化浪潮完全吞没的各地域、各民族的活生生的生态智慧、经验和知识，也逐渐获得了社会的认同，越来越受到学界的重视。而在众多的学科中，不遗余力地进行各民族、各地域传统生态知识的调查、研究、宣传、抢救、发掘、传承和利用的学科，不是别的，就是生态人类学。

我国生态人类学的研究，始于20世纪80年代，迄至今日，已经有了长足的发展。从我国的情况来看，生态人类学的研究具有几个显著的特点：一是西部的研究远胜于东部的研究。原因不难明白，东部开发早，市场经济发达，现代化速度快，全球化影响大，传统文化包括生态文化急速变迁、大量消亡了；西部是生态环境和民族文化多样性的富集区域，开发较晚，市场经济、现代化和全球化的影响相对较弱，传统生态文化虽然也有不少变异、流失，然而尚有丰富的遗存和踪迹可寻。二是研究对象十分复杂。国外早先的经典的生态人类学著作，研究对象多为与世隔绝的封闭社会和族群，而当我们开始从事该领域研究的时候，我们面对的国内的许多对象，虽然依然保持着传统，然而均已成为国家主导下的社会，在社会主义改造、政治运动冲击、移民开发干扰、扶贫发展促进、市场经济进入、城市化蔓延等因素的不断的综合的影响之下，原有的比较单一的文化变成了复杂的复合文化。面对这样的事象，一方面得厘清、剥离外来文化成分，还原传统文化的面目，阐释其价值和意义；另一方面又必须正视各种外来因素的影响和作用，以考察文化的变迁及其发展的趋势。国外生态人类学的发展，大体经历了从封闭社会的生态人类学研究到复杂社会的环境人类学研究两个阶段，而我们的研究从一开始面对的便是复杂环境中的复合文化，国外的两个研究阶段被融为了一体。三是具有较强的应用倾向。面对激烈的社会转型和文化变迁，环境问题日益凸显，并与生存、公平、权益、发展、政治、安定、和谐等各种问题相互渗透和纠结，涉足其间，难免产生共鸣和关怀。因此，正视现实问题，服务于国家和民族发展的需要，倡导建设和谐与可持续发展社会的理念，已成为我国生态人类学者的自觉追求。

上述三个特点，在我们主编的这套生态人类学丛书中有很好的体现。首先，丛书的作者们大都关注我国西部，研究对象集中于最富文化和生态特色、最具生态人类学研究内涵的两个地域：西南山地和北方草原。其次，丛书的研究依然承袭学术传统，一方面重在传统生态知识的发掘、整理和阐释，尤其重在对于无文献记载而且长期不被正确认识的传统和地方性知识的发掘和研究；另一方面则着力探索在全球化、市场经济的背景下如何传承、活用传统知识并重建有效适应当代生态和社会环境的生态文化。第三，丛书的部分选题超越了传统生态人类学的研究范畴，敏锐地将当代社会面临的重大和热点生态环境问题纳入研究的视野，例如大坝、灾害、绿洲、水污染等研究即属此类，具有较高的学术及应用价值。

近年来，人类学的丛书不少，而作为生态人类学的丛书，这还是较成规模的第一套。无论从作者的层次和准备来看，还是从作品的选题和水平来看，本丛书均属难得，值得期待。至于缺憾，在所难免，祈望学界批评。在今后的学术跋涉中，作者们自当不急不躁，笃实前行，为生态人类学的发展再书华章。

编者 2012 年深春于昆明

目　录

序　论

说沙漠在向外扩大，倒不如说是人们在把沙漠往外拉……我们不是沙漠的儿子，而是沙漠的父亲。

——阿拉伯地区流传的谚语

第一节　沙尘裹挟出的草原问题

1993 年 5 月 4 日至 6 日，我国西部大部分地区发生了罕见的特大沙尘暴，横扫西部五省区 100 多万平方千米土地，共夺去 100 多人的生命。1995 年 4 月 15 日，强沙尘暴侵袭阿拉善盟，历时 12.5 小时，席卷了大半个中国，沙尘落至周边省市包括京、津地区，造成严重的空气污染，阿拉善盟 27 万平方千米的土地受害，约 10 万公顷农田受害，2300 多眼水井被沙埋，21 万只羊丢失，1070 千米的路面被破坏，全国波及范围总计造成经济损失 10 多亿元。2001 年 4 月，北京遭受到沙尘暴的侵袭；2006 年 4 月 16 日下午，突如其来的沙尘暴又一次降临北京地区。第二天清早，人们发现嫩绿的柳叶全被浮尘覆盖，灰黄的空气中弥漫着浓重的土腥味，被喻为"满城尽带黄金甲"。两天之内，北京共降下 33 万吨浮尘。2000 年春季，我国西北、华北地区连续发生扬尘、浮尘和尘暴天气共 12 次，其中北京有 7 次。此后，沙尘暴发生的频率增高，周期缩短。2010 年 3 月 20 日，笔者在修改本文的时候，又一场强沙尘天气席卷中国北方大部分地区，持续时间和覆盖范围又创新高。如此种种，简直不胜枚举。中国土壤的荒漠化很快上升为一个国际性的问题，因为来自美国国家海洋和大气局（NOAA）的消息显示，加拿大和美国亚利桑那州之间的大片地区已被一层薄薄的沙尘覆盖，而这些沙尘正是来自中国西部地区。正是因为这一场场突如其来的沙尘暴，中国西部贫困地区，尤其是蒙古族地区草原生态环境的变化才开始引起广泛的关注。鉴于一系列事实与研究成果，中国政府依据联合国《防治荒漠化国际公约》颁布了《防沙治沙法》，该法律自 2002 年 1 月起实施。国家在法律层面上对防治荒漠化作出反应的同时，这一次次对周边地区造成极大威胁，甚至越洋过海洒沙扬尘的沙尘暴的起因也引发了社会和学界的热议。在关于草原生态恶化的众多解释中，"超载过牧""落后生产方式""牧民生态保护意识差"等词频频出现，"过牧说"[1] 颇受重视和认同，被认为是主要原因。很多人可能从来没有到过草原，不了解草原，可是他们确信草原是因为牧民的过度放牧而退化的，甚至还有"杀掉山羊保北京"这样的口号被提出来。虽然沙尘暴的频繁出现让更多的人开始关注内蒙古的生态状况，但从对生态恶化的原因分析到应对举措，几乎无一例外地站在城市人的角度运用城市人的思维和方法来看待。保护草原是为了城市的环境，草原保护政策是城市导向型的，甚至具体的草原保护政策也是城市里的人制定出来的。最典型的例子是，河北省和内蒙古自治区建立的京津风沙源项目，其目标只是为了北京不刮沙尘。[2] 无论是专家还是媒体他们的焦点都集中在如何保护京津以及更大范围的城市环境，却鲜有人去关心那片尘暴源地的人和他们的文化：他们曾遭遇

---

[1] 宋波，等. 应用牧草生长 - 消费模型分析牧民的放牧行为——作为对政府管理行为的建议 [J]. 草业学报，2005（4）.

[2] 王晓毅. 环境压力下的草原社区——内蒙古六个嘎查村的调查 [M]. 北京：社会科学文献出版社，2009.

过什么、正在经历什么以及未来要面对什么。"牧民"是谁？城市人理解的"牧民"又是谁？

内蒙古的治沙运动已经开展了十几年，依照"过牧—减畜、减人""落后—集约、进步"的思路，"围封转移""禁牧""休牧""退牧还草""舍饲圈养"政策已实施十余年。尤其是 2006 年以后，国家每年都投入大量资金以治理内蒙古草原的荒漠化，其决心可谓志在必行。截至 2000 年年底，我国草原围栏面积已达 1509.4 万公顷，其中"九五"期间建设的草原围栏面积超过 1400 万公顷。2001 年累计围栏面积达 1734.1 万公顷，是 1978 年的 3.2 倍，其中当年新增 224.7 万公顷。2002 年中央投入 8 亿元国债用于西部草原建设，其中草原围栏 3 亿元，天然草原植被恢复建设 4 亿元，牧草种子生产繁育基地建设 1 亿元。从 2002 年开始，国家还启动了退牧还草工程，当年投资 12 亿元。2011 年，中央财政投入 136 亿元资金，在内蒙古等 8 省区启动草原生态保护补助奖励机制；2012 年，中央财政草原补贴奖资金增加到 150 亿元，实施范围进一步扩大，将黑龙江等 5 省所有牧区、半牧区县涵盖其中。退牧还草工程继续实施，京津风沙源草原治理工程二期启动。2012 年，中央财政对于草原的投入超过 220 亿元，是 2009 年的 5 倍多。在技术监测方面，2011 年沙尘天气影响环境质量监测点位数为 99 个，2012 年则大幅增长到了 136 个。

为降低草原承载的牲畜量，减轻草原压力，缩减牧民牲畜头数也成为近年来内蒙古采取的生态治理举措之一。1998 年，内蒙古 24 个纯牧业旗县的人均牲畜量是 108 头（只），而到了 2004 年则降至 33 头（只）。❶ 在政府和牧民都付出了巨大努力后，斥巨资、人力治理的效果却不尽如人意，可以说收效甚微。从表 0-1 来看，2000 年到 2011 年之间，内蒙古沙尘天气的发生次数并没有明显减少的趋势。

---

❶　达林太. 内蒙锡林郭勒盟草原牧民联户轮牧，保护和继承草原文化项目报告书（内部资料）[R]. 2006. 李文军，张倩. 分布型过牧——一个被忽视的内蒙古草原退化的原因 [J]. 干旱区资源与环境，2008 (12).

表 0-1 2000—2011 年春季内蒙古沙尘天气过程统计❶　　　　（单位：次）

时间	总计	3 月	4 月	5 月
2000 年	12	3	6	3
2001 年	13	6	5	2
2002 年	7	5	2	0
2003 年	4	1	3	0
2004 年	7	4	1	2
2005 年	13	2	6	5
2006 年	11	3	5	3
2007 年	7	1	3	3
2008 年	7	2	2	3
2009 年	5	3	1	1
2010 年	13	5	4	4
2011 年	10	2	5	3
平均	9.1	3.1	3.6	2.4

图 0-1 作者 2009 年在呼和浩特市拍摄到的沙尘暴

---

❶ 内蒙古自治区气象局官网：http：//www.imwb.gov.cn. 2012-04-27 18：22：01.

图 0 - 2　作者 2011 年 5 月在草原上拍摄到的沙尘暴

目前，内蒙古地区沙漠土地面积已达 42.08 万平方千米，占全区国土面积的 35.66%，中国农业部发布的《2006 年全国草原监测报告》中总结草原现状是"局部改善、整体恶化"，这看起来有些前后矛盾的总结，在 6 年之后并没有发生改变，《2012 年全国草原监测报告》结果仍然是"全国草原生态仍处于'局部改善，整体恶化'的状态"。从这句话里除了能感受到草原生态问题之艰巨和官方对现状的无力感之外，更应该考虑的似乎是治理的方向——关于草原退化原因的假设是否符合实际？我们的努力是否用对地方了？据调查统计，我国每年扩展的沙漠化土地 1/3 以上在内蒙古。中科院利用卫星照片研究结果表明，全国土地荒漠化扩展速度每年超过 4% 的地区有 7 处，其中内蒙古有 3 处。内蒙古的天然草原中，约有 30% 退化，35% 的草原沙化和 3% 的草原盐碱化，全区 70% 的草原发生显著的荒漠化，而且在大力治理草原荒漠化开始的十年里，草原荒漠化速度仍然在不断增加。

事实上，人们对内蒙古草原地区生态环境的关注本可以再早一些。谈到草原牧区的今昔对比，人们往往习惯性地想起"天苍苍，野茫茫，风吹草低见牛羊"这首北朝民歌。这首与现在相隔千年时空的诗句所描述出的天堂般的草原景色,在给人们以对自然本态的怀念以及因此产生出的悲伤情绪之外,还有一个糟糕的效果是,因为诗句描述年代过于久远,人们看到当前千疮百孔、黄沙漫天的草原时,很容易陷入时空错位感,觉得绿草如茵的草原只能是几个甚至几十个世纪之前的存在,而对于离自己太远的东西,人往往会失去理性的思考和明辨的能力。其实,草原变成现在的样子,并不是很久以前的事。内蒙古历史上形成的沙漠面积仅占现在的1/5,近半个世纪以来,因人类活动所形成的现代沙漠则占60%以上。❶

当前各界对导致草原生态恶化原因之总体解释集中在两点,人为因素和自然气候因素。气候因素自不必说,关于人为因素的分析,就内蒙古全境草原退化现象来讲,在高海拔、低降水的草原地区盲目开荒是最主要的诱因。❷ 与内蒙古大部分因农耕而退化的草原不同,呼伦贝尔地区尽管曾与全区同样经历过大开荒,近几十年来农地的面积也长期呈缓慢上升趋势,但总体面积上来说,该地区以畜牧业区为主,尤其是在岭西牧业四旗,农地的影响较小。如果说内蒙古草原沙化、退化的典型性原因是盲目开荒,那么,在这块"非典型性"

---

❶ 盖山林、盖志毅. 文明消失的现代启悟 [M]. 呼和浩特:内蒙古大学出版社,2002.

❷ 全国现有耕地的18.2%源于草原。在2004年召开的中国草学会六届二次会议和中国西部发展论坛会议上,众多与会专家估计,到目前为止,由草原开垦而来的耕地已占到全国耕地面积的1/5。半个世纪以来,内蒙古草原出现了三次大的开垦高潮。第一次是1958—1962年间,在牧区和半农半牧区开垦草原,大办农业和副食基地。第二次是1966—1976年间的盲目开垦草原。在此期间还有众多的生产建设兵团、部队、机关、学校、厂矿企业单位也相继到牧区开垦草原,乱占牧场。据有关人员统计,在1958—1976年的18年间,全区开垦草原206.7万公顷,并在16个牧业旗开垦草原93.3万公顷。第三次是20世纪80年代末开始并持续近10年的草原开垦高潮。尽管目前还没有官方关于这次开垦的正式数据,但是最近完成的一项调查成果表明,其"开垦强度和开垦面积远大于前两次,⋯⋯大兴安岭两侧新开垦面积逾千万亩",滥占草原的现象继续加剧。几十年来,全区乱垦、滥开的草原面积有多少,没有确切的数量,但仅从统计的呼伦贝尔盟耕地面积由20世纪70年代末期925万亩增加到2012年的1991万亩,增加115%的耕地面积可见一斑,如再加上各类建设项目正常占地,开垦数量更大。20世纪50年代以来经历的三次草原大开垦,使我国1930多万公顷优良草被开垦。三次开垦后一半已开垦草原因生产力逐年下降而被撂荒成为裸地或沙地。据内蒙古自治区第三次(1981—1985)草地资源统计,草地面积较20世纪60年代减少10.4%,约1.38亿亩被开垦。最近一次全区遥感速查的结果表明,内蒙古草地面积较20世纪80年代又减少了约8%,即又有约0.95亿亩草地被开垦。详见《半月谈》2004年第20期;包玉山. 内蒙古草原退化沙化的制度原因及对策分析. 内蒙古师范大学学报(哲学社会科学版),2003(4).

退化草原上又曾发生过或正在发生什么不一样的问题，因而导致了同样严重的沙化、退化呢？21 世纪初，有一些人开始关注草原生态恶化现象背后的制度原因，❶ 对于现行制度的有效性和适用性进行探讨，指出"指导政府决策的草地生态科学还不够科学"❷。也有环境科学学者指出，基于平衡理论而产生的现代草场科学在干旱、半干旱草原地区应用的不适宜性和危害性。❸ 更有学者严词指出，现行草原政策"是导致草原退化的主要原因之一"❹。统观这些看法，现行草原政策、外来文化和当地传统文化更多地是被作为对立、矛盾的双方来认识的。巴里·康芒纳说过："环境危机是社会对资源错误管理的结果。"❺ 生态人类学认为，所有对生态资源的管理行为都是相应文化在人与生态环境关系上的具体表现形式。无论超载也好，过牧也罢，或是不适宜的政策选择，都是具体事件与行为的主人公在生态资源管理上的文化行为表现——因此作为一个人类学学科的学习者和研究者，笔者则更希望去探究具体原因背后的文化根源。

在外来人口大量流入，外来文化不断冲击之下，内蒙古地区由蒙古族游牧文化占绝对主导地位向多种文化的多向性发展转变。那么当地传统文化和外来文化是否必然是矛盾的？它们之间的关系是什么样的？草原上不同文化之间的关系和草原沙化、退化问题之间是否有着某种关联？这些问题构成了本书的研究主旨。为了回答这些问题，笔者选择了在内蒙古自治区呼伦贝尔市哈日干图草原进行长期田野调查。

在牧区作调查时会发现，无论是牧民还是其他行业从事者，谈到草原生态

---

❶ 敖仁其. 对内蒙古草原畜牧业的再认识 [J]. 内蒙古财经学院学报，2001 (3)；敖仁其. 草原放牧制度的传承与创新 [J]. 内蒙古财经学院学报，2003 (3).

❷ 王俊敏. 草原生态重塑与畜牧生产方式转变的大生态观 [J]. 中央民族大学学报（哲学社会科学版），2006 (6).

❸ 李文军，等. 解读草原困境——对于干旱半干旱草原利用和管理若干问题的认识 [M]. 北京：经济科学出版社，2009.

❹ 杨理. 完善草地资源管理制度探析 [J]. 内蒙古大学学报（哲学社会科学版），2008 (11).

❺ [美] 巴里·康芒纳. 封闭的循环——自然、人和技术 [M]. 侯文蕙，译. 吉林：吉林人民出版社，1997.

的变化，往往以 20 世纪中期作为"过去"和"现在"的生态时间界线。和内蒙古其他地区不同，至 20 世纪 40 年代，呼伦贝尔地区基本上是纯牧业经济。从 20 世纪 60 年代开始，经过大开荒后大量内地人口流入该地区。❶ 20 世纪 80 年代初期，开始实行"牲畜作价归户"政策。1995 年正式开始实施"双权一制"制度。这期间，当地人口，尤其是畜牧业人口发生了深刻的变化，这是草原生态恶化最严重的时期。田野点所在旗 1985 年有天然草场 1618760 公顷，到 2005 年则减少为 1521424.01 公顷，在这不算长的 20 年时间里，97335.99公顷天然草场消失了。因此，本书的研究时间也框定在这变化最大的 50 年内，尤其是以草原生态急剧恶化的近 20 年为重点，通过梳理哈日干图草原半个多世纪以来的人口变化、草场面积、草场利用方式以及分配方式的变化，来追溯当地文化变迁的轨迹，分析文化与环境之间的关系。

第二节 生态及草原生态的理论

一、人类学对文化和生态环境关系的研究

正如 Karl G. Heider 所指出的，环境、生存、社会一直是人类学的主要研究对象。❷ 人类学的早期研究一直围绕着对原始部落社会的研究进行。人类学中对人与环境关系的关注由来已久，虽然"生态人类学"这个词在 1968 年首次提出，但生态人类学的研究却从 20 世纪初就开始了。埃文斯·普里查德的《努尔人》、莫斯对爱斯基摩人社会的调查以及拉帕帕特对新几内亚地区 Tsem

---

❶ 本文田野点的所在旗 1954 年建立了 7 个农牧场，并于当年开始开荒。1960—1961 年经历大开荒，农地面积达到 71.7 万亩。20 世纪 60 年代大量的外地人口进入该地区，人口从 1949 年的 5619 人增长到 1957 年的 10361 人，而到 1961 年时已经达到 43403 人，仅 1960 年一年，迁入人口数就达到8830 人。

❷ Karl G. Heider. Environment, Subsistence, and Society. Annual Review of Anthropology, 1980, 235 – 246.

baga Maring 人仪式和战争的研究，都是用生态系统观点探讨人类与生存环境互动作用的经典例子。❶ 再如，Waddell 对新几内亚高地 Fringe Enga 人生态知识的研究❷、Showell 对马来半岛热带丛林民族 Chewong 人对丛林知识的理解和知识的探讨❸，以及 T. Ingold 对新几内亚土著人认知体系和生态知识的系统考察❹等，也都是经典的生态人类学研究案例。凯·米尔顿在《环境决定论与文化理论：对环境话语中人类学角色的探讨》中详细地论述了 Kogi、Dogon、Cree 等土著对环境的理解与认识，Beek 和 Banga 曾描述过非洲西部的 Dogon 人对于环境知识的认知。Tanner 和 Scott 则认为，了解实践活动背后的理论基础同样重要，他们曾详细描述过魁北克猎人关于人类与动物之间的互惠关系。❺ 这些研究从不同的视角探讨和分析了人类与生态之间的互动关系。1955 年，斯图尔德提出"文化生态学"的概念，这被认为是生态人类学学科的开始，尔后韦达（A. P. Vayda）、贝内特（J. W. Bennett）、唐纳德·L. 哈迪斯蒂、罗伯特·M. 内亭等人在这一研究领域内发现了诸多用斯图尔德理论难以解释的例外，认为并非所有文化都能很好地适应其所处的生态环境。生态人类学进入中国是在 20 世纪 80 年代后期，格尔兹创立的解释人类学和"地方性知识"的概念，被中国学者用于与斯图尔德的"文化生态学"结合，相关研究中尹绍亭的《一个充满文化生态体系——云南刀耕火种研究》《森林孕育的农耕文化——云南刀耕火种志》《人与森林——生态人类学视野中的刀耕火种》❻；

---

❶ Rappaport, T. A. Pigs for the Ancestors. New Haven：Yale Unniversity Press，1967.

❷ Orlove, Benjam in S. Ecological Anthropology, Annual Review Anthropology, 1980（9）：251.

❸ Howell, S. Nature in Culture and Culture in Nature. Chewong Ideas of Humans and Other Species, In G. Palasson and P. Descola, eds：Nature and Society：Anthropological Perspectives, London：Routledge, 1996.

❹ Ingold－T. Hunting and Gathering as Ways of Perceiving the Environment. In R. f Ellen and K. Fukui. eds, Redefining Nature. Ecology, culture and Domestication. Oxford：Berg, 1996.

❺ ［英］凯·米尔顿. 环境决定论与文化理论——对环境话语中的人类学角色的探讨［M］. 袁同凯，等，译. 北京：民族出版社，2007.

❻ 尹绍亭. 一个充满文化生态体系——云南刀耕火种研究［M］. 昆明：云南人民出版社，1991；尹绍亭. 森林孕育的农耕文化——云南刀耕火种志［M］. 昆明：云南人民出版社，1994.

中国科学院昆明植物研究所的裴盛基等人关于民族植物学的研究❶以及崔明昆对新平傣族植物知识的认知人类学解析❷；杨圣敏在新疆地区的大量实践调查❸；麻国庆对内蒙古草原生态与蒙古族传统文化关系的研究❹；杨庭硕等人在贵州等地进行多年的关于地方性知识与人类文化的社会适应性研究❺，都在各自的领域内为中国生态人类学的发展贡献了独特的智慧。而综观人类学领域有关人类文化和生态环境关系的研究论述，一个鲜明的特点即是几乎都把较为封闭的环境中某单一文化的适应方式作为重点研究对象，人类学的研究兴趣依然延续了开创之初对原住民的研究偏好。

蒙古族传统文化中对于人与自然生态关系方面的研究主要集中在游牧文化的生态思想、游牧经济特征和亲环境性上。比如，乌日陶克套呼的《蒙古族游牧经济及其变迁》，王建革基于"满铁"资料的系列文章《游牧经济的机动性分析——以古代蒙古族的游牧经济为例》《畜群结构与近代蒙古族游牧经济》《游牧方式与草原生态——传统时代呼盟草原的冬营地》《近代内蒙古草原的游牧群体及其生态基础》都在游牧经济的具体行为方面作了较为详尽的阐述；恩和的《草原荒漠化的历史反思——发展的文化维度》、宝贵贞的《蒙古族传统环保习俗与生态意识》、乌云巴图的《蒙古族游牧文化的生态特征》，包庆德的《蒙古族生态经济及其跨世纪有益启示——从生态哲学理论视界审视》，宝力高的《论蒙古族传统生态文化》，葛根高娃的《生态伦理学理论视野中的蒙古族生态文化》《蒙古族生态文化的物质层面解读》等文章则侧重于蒙古族游牧文化中的生态思想；暴庆五的《论草原生态经济的地位和作用》、《要正视草原牧区的'三元一体'的复合结构》以及刘书润对游牧文化的生态

❶ 裴盛基，许建初，陈三阳，等. 西双版纳轮歇农业生态系统生物多样性研究论文报告集［M］. 昆明：云南教育出版社，1997年；［英］史蒂夫·迈克萨尔. 多样性景观：东南亚大陆山地的传统知识、可持续生计和资源管理［M］. 许建初译. 昆明：云南科技出版社，2003.
❷ 崔明昆. 植物与思维——认知人类学视野中的民间植物分类［J］. 广西民族研究，2008（2）；崔明昆. 云南新平花腰傣野菜采集的生态人类学研究［J］. 吉首大学学报（社会科学版），2004（4）.
❸ 杨圣敏. 环境与家族：塔吉克人文化的特点［J］. 广西民族学院学报，2005（1）.
❹ 麻国庆. 草原生态与蒙古族的民间环境知识［J］. 内蒙古社会科学（汉文版），2001（1）.
❺ 杨庭硕，罗康隆，潘盛之. 民族·文化与生境［M］. 贵阳：贵州人民出版社，1992.

作用评价则以内蒙古草原生态对中国所产生的生态屏障作用为重点，阐明保护蒙古族文化和保护生态环境的内在联系；关于内蒙古草原现行草原政策问题，敖登图亚、敖仁其、王晓毅、李文军、包玉山等人的研究有较详尽的论述。❶对于蒙古族游牧文化与外来农耕文化的冲突导致的生态问题，可查到包玉山的《蒙古族古代游牧业与农业——兼评畜牧业落后论》《游牧文化与农耕文化：碰撞·结果·反思——文化生存与文化平等的意义》，吴伊娜的《对游牧文化与农耕文化的一些认识》以及海山等人的研究。这些研究，或单独讨论蒙古族文化，或讨论蒙古族传统文化在外界影响下的损耗、破坏，总体上认为文化的影响是单方面的，即蒙古族文化单边受影响，而对传统文化作用于外来文化的可能性和与其融合的可能性则没有涉及。

内亭认为，由于社会历史文化过程的不同，两个民族即使处在同一生态环境中也会具有不同的生态行为，但他并没有对这种不同民族文化的融合方式进行探索。基于内亭的质疑，杨庭硕等人解析出任何民族的文化适应，不仅有生物性适应的一面，也有社会性适应的一面，该结论为生态人类学引进了"社会性适应"这一概念❷。这一理论在罗康隆、崔海洋等人的研究中得到深化，他们探寻的是如何在生态环境各异的区域，保存和利用原住民的地方性知识来保护文化的多样性，合理规避生态风险，探寻来自文化人类学的应对方略。❸崔海洋认为："……族际制衡的结果总是表现为民族文化与所处生态系统偏离的扩大化。两种或两种以上民族文化同时利用相同或相似的生态系统则表现为

---

❶　参见敖登图亚. 内蒙古草原所有制和生态环境建设问题 [J]. 内蒙古社会科学（汉文版），2004（11）；敖仁其. 草牧场产权制度中存在的问题及其对策 [J]. 北方经济，2006（7）；敖仁其主编. 制度变迁与游牧文明 [M]. 呼和浩特：内蒙古人民出版社，2004；李文军等. 分布型过牧一个被忽视的内蒙古草原退化的原因 [M]. 干旱区资源与环境，2008（12）；王晓毅著. 环境压力下的草原社区——内蒙古六个嘎查村的调查 [M]. 北京：社会科学文献出版社，2009；海山 [J]. "人与草原论坛" PPT 及录音资料，2009.

❷　杨庭硕. 人类的根基——生态人类学视野中的水土资源 [J]. 昆明：云南大学出版社，2004.

❸　崔海洋. 人与稻田——贵州黎平黄岗侗族传统生计研究 [M]. 昆明：云南人民出版社，2009；罗康隆. 文化人类学论纲 [M]. 昆明：云南大学出版社，2005；罗康隆. 文化的适应与文化的制衡——基于人类文化生活的思考 [M]. 北京：民族出版社，2007.

偏离的叠加。长期积累的后果必然以人为生态灾变的方式暴露出来。"❶ 在本文案例中，笔者看到的情况是不同文化对环境的负面作用，并非只是叠加这么简单。事实上他们通过对文化主体心理和认知的影响而使负面作用被放大。对于解决问题的方法，前者的研究又回到了单一文化上，并没有对不同文化之间的相互关系加以讨论。生态人类学因缺少对不同文化间沟通融合的研究，而受到了部分学者的批评。陈心林认为："文化相对论是人类学基本观点之一……但应用于生态人类学后，越来越偏离原来的理念。它强调不同文化之间的不可比性和不可翻译性……否定了文化间的交流、沟通和跨文化比较的可能性，这与当今全球范围内不同文化频繁交流、沟通的事实不符。"❷ 迈克尔·赫茨菲尔德指出："在文化相对主义极端形式中，各种文化均被视为绝无共同的衡量尺度，因此不可能互相了解，也不许做任何的伦理判断。不做道德的评价往往会导致田野行为陷入一种机械的伦理模型，使学者麻木不仁。"❸

在异文化的影响愈来愈剧烈的今天，人类学经典研究案例中的那种处女式田野点已经越来越难找到，我们面对的是一个越来越开放的环境，同一个环境受到多种文化的影响，而一个突出的问题就是这些不同文化之间的不相融对环境——尤其是对生态环境，都无一例外地形成了破坏和压力。较前的研究均认为，外来文化进入使传统文化受到了破坏——导致外来文化和当地文化的不适应。但笔者认为文化是变迁的，从来没有一成不变的文化，所谓"传统"只是一个相对的概念。在文化产生碰撞的时候，每一种文化都从其他文化中吸收和接纳了能够接受的部分，但因人口数量、经济发展程度的差别、政府政策的指导倾向等原因，导致文化之间的抗衡能力有强有弱。当它们共同作用于同一地区生态环境时便出现了各种问题。因此笔者认为，本书田野点的草原生态恶化原因，在外来人口影响、牲畜种类变化、草场划分等表层问题的背后，外来

---

❶ 崔海洋. 生态人类学的理论架构论略 [J]. 贵州民族学院学报（哲学社会科学版），2006（6）.

❷ 陈心林. 生态人类学及其在中国的发展 [J]. 青海民族研究，2005（1）.

❸ [美] 迈克尔·赫茨菲尔德. 人类学观点：惊扰权力和知识的结构 [J]. 中国社会科学杂志社. 转引自人类学的趋势 [M]. 北京：社会科学文献出版社，2000：45.

文化、政策以及当地蒙古族传统文化之间的冲突和融合才是其深层的文化内因。生态人类学的重要之处还在于它的应用性。目前，当地原住牧民文化、外来文化和政策影响共同作用于内蒙古草原牧区，基于这一既定事实，单纯地坚持、流连于传统文化或试图用外来技术和文化全盘替代传统文化的做法都是盲目、不可行的。充分分析不同文化以及各种影响因素之间的相互关系，促进文化间的沟通与融合，为选择环境最合适的文化行为方式提供可行意见，才是生态人类学学者的职责。

二、当代草原政策及其文化背景的理论梳理

内蒙古草原牧区现行的草原政策源于西方草场科学，从其诞生起便带有浓郁的西方文化色彩，在其被提炼和制定的过程中，受制定政策者的文化制约，经过其文化选择。因此想要理解现行的草原政策，就有必要理解这些政策最初形成时期的文化背景。

- 进化论

进化论于 1809 年被 J. B. 拉马克提出。尽管拉马克对进化机制的解释后来被证明是错误的，但他对于进化现象的认识深刻地影响了之后的所有科学思想，尤其是为达尔文进化论的横空出世提供了一片养分充足的沃土。达尔文的进化论以两个基本观点为基础——偶然变异（后来被称为随机突变）和自然选择。这些基本观点今天已被大量文献所引用，被生物学、生物化学和化石记录中的大量证据所支持，所有严肃的科学家都完全同意这些观点。而换个角度我们可以说，"竞争"和"自然淘汰"学说也正是达尔文理论为后世留下的一个阴影——他为人类的残忍提供了理由。

19 世纪末，达尔文表弟高尔顿的"优生学"理论经海克尔等人发展，形成"社会达尔文主义"。基于社会达尔文主义的一种种族观念是：一个种族为了生存必须具备侵略性。达尔文进化论清楚地说明，各物种为了生存而不停地斗争，弱小物种和种族的消亡灭绝贯穿了整个历史进程。一些社会研究者还用物竞天择的理论解释社会上的贫富差距。尽管新达尔文主义者不再持有某一人

种较另一人种更为优越或低下的观念，但"种族"意识和文化"优劣论"源起于生物进化论，仍然是现代进化论学者所认同的。

纵然维多利亚时代的人们对自己机构的优越性表现出十足的自信，其代表人物却也提出了不少对他们自身和他们过分夸大的文化的疑惑。旧有宗教信条的腐朽也迫使他们去寻求一个新的价值标准，一个新的自我认识的途径，一个新的为了将启蒙带给那些落后的人们的理性。❶ 19 世纪 50 年代人类学的出现，从某种意义上印证了这种探索的迫切。这个新学科希望通过研究现存的原始民族，达到增加人类对其文化渊源的知识的目的。但是，在人类学发展的最初几十年里，整个学科几乎都没有注意到对原始社会的结构和功能的研究，所有重点都在社会的变迁和进化上——从原始状态到现代文明的变化过程。詹姆斯·弗雷泽在《金枝》中的表述可作为当时主流思想的缩影："过去的历史，是一个人类从野蛮到文明的长期的进程，一个缓慢的艰难的升华的结果。"而这也成为人类学进化论学派的思想主线。1862 年赫伯特·斯宾塞在《第一原理》中对进化观念给以极大关注。经过他的大力传播，1872 年达尔文在《物种起源》的第 6 版中开始使用"进化"一词，并且已形成一个明确而全面的关于进化过程的观念。这在科学界引起了强烈的反响，人们试图用进化论来解释社会的发展。

1871 年摩尔根与达尔文会面后，彻底地接受了进化论，并进一步提出了关于人类社会进化的学说。1877 年，摩尔根发表了他的主要著作《古代社会》。其研究的最终目的是通过对原始社会辩证的、整体的历史考察，探究文明社会以前原始社会的状况，以及蒙昧时代、野蛮时代如何向文明时代的过渡等一系列重大问题。

泰勒总结他的观点时说："文化发展的趋势在人类社会存在的过程中始终是一致的，而且我们可以从已知的历史进程合理地证明它在史前的发展过程，

---

❶ ［美］唐纳德·沃斯特. 自然的经济体系——生态思想史. 侯文惠，译. 北京：商务印书馆，2007：211.

这一理论显然已被认为是人种志研究中最基本的一条原理。"❶ 即使作为古典进化论学派的反对者如博厄斯，也只是否定把这一原理绝对化、扩大化，而丝毫没有怀疑这一原理的合理性和可行性。尽管以泰勒为代表的古典进化论学术共同体对促进文化人类学的发展作了巨大贡献，但不可否认的是，泰勒所开创的古典进化论研究范式仍有很多缺陷和局限，如欧洲中心主义、单线进化论模式和简单地移植达尔文进化论等。出生于俄国的美国生物学家杜布赞斯基曾说："若无进化之光，生物学毫无道理。" 他的这句话常常被引用来说明进化论的真理性。事实上，达尔文进化论对于生物演化的解释已经得到广泛的认同，其基本理论已经没有什么争议了。但进化论被引进其他学科，尤其是民族学、社会学后引起的系列反应和后果，则告诫我们简单移植理论的危害性。文化进化论中把人类生产生活方式看作一种依次经过采集—渔猎—畜牧—农耕等阶段发展起来的单线进化过程的思想，使大众对畜牧文化形成了根深蒂固的偏见。农耕人的传统歧见，以为游牧业落后、游牧人野蛮，农业先进、农耕人文明。法国历史学家勒尼·格鲁塞也认为游牧畜牧业是低于农业的一个发展阶段，是野蛮人的生产生活方式。❷ 而重农轻牧的思想在中国则自古有之。1905年（光绪三十一年），姚锡光曾经说："试观此方（指蒙古地区——引者注）数万里之区，自汉以来……历二千余年……绝少进步，则游牧之不足恃为生计。"并断言："游牧生活断无持久幸存之理……恐不出五十年，游牧之风将绝境于地球上。"❸ 草原地区历来被视为"蛮荒"之地，从事畜牧业生计的人们被视为"蛮人"，草原被囊括进"荒地"。在我国近代，传统畜牧业是作为一种落后原始的文化和生产方式而成为改造的对象的，文化的这种由来一直深刻地影响着人们对待内蒙古牧区传统畜牧业的态度和政策制定。现代中国的进化论思想是从西方传入的，但是一种外来的异质文化要融入中国传统的文化，中国传统文化就必须形成一个接受这种异质文化的内部机制。中国传统的

---

❶ Edward Tylor. Primitive Culture（1st ed. 2Vols）. Lon – don：John Murray，1871.

❷ ［法］格鲁塞. 草原帝国［M］. 魏英邦，译. 西宁：青海人民出版社，1991：3.

❸ 姚锡光. 筹蒙刍议：实边刍议［M］. 台北：文海出版社，1965.

"经世致用"思想是进化论传播的动力。❶

- 公地悲剧理论

在人类对自然资源管理思想史上,"公地悲剧"理论是个如雷贯耳的名词,自从 1968 年 12 月《科学》杂志发表了哈丁·盖瑞特的《公地悲剧》以来,深深地影响了整个世界对公共资源管理的认识并带来一系列变革,这篇文章至少已被 111 本书精选成经典文章,使其成为转载率最高的科学文章之一。这也是网络上被引述最多的一个词,在 Google 搜索引擎上的最新搜索记录约有 302000 条。此文已是"社会学家评估自然资源议题的主导典范"❷,甚至有些学者还建议"把哈丁的'公地悲剧'作为所有学生的必读书目"❸。而其所造成的最直接后果则是给原来的公共资源推行私有制提供了理论支撑,公地悲剧理论被指责为"用来合理化掠夺原住民土地、私有化医疗及其他服务,允许企业的空气'交易'及水污染'执照化'等作为"。这个在世界范围内几乎"被拥为圣经的理论,让专家及学者在规划他人未来的实践中,强迫他人接受他们自己的经济及环境理性,而自己对对方的社会系统却无完整的了解及知识"❹。

《公地悲剧》讲述的是这样一种假设:想象一块对所有人都开放的草地。在这块公共地上每一个牧人都会尽可能多地放牧他的牲畜。此时,对公共地的出于本能的逻辑思维就会产生无情的悲剧。作为理性人,每个牧人都希望他的收益最大化。因为不管怎样,过度放牧所带来的损失是由所有的牧人共同承担的,所以牧人为这多养的一头牲畜所承担的环境损失却将远远小于收益,即只有 1/N（N 是公地上所有牧人养的所有牲畜数）。这个说服力极强的理论让很多公地悲剧理论的读者及人类学专业的学习者折服,并开始对公共资源的未来

---

❶ 巴文泽. 浅析进化论在中国传播的内部机制 [J]. 社会科学战线, 2008 (8).

❷ Bromley. Daniel. W. and Cernea Michael, The Management of Common Property Natural Resources: Some Conceptual and Operational Fallacies, World Bank Discussinon Paper, 1989.

❸ 摩尔给美国动学家协会的教育项目报告, J. A. Moore, 1985.

❹ Appell. G. N. Hardin's Myth of the Commons: *The Tragedy of Conceptual Confusions*, 1993, 转引自网络。

感到忧虑。公地悲剧理论的影响之大、之广，使很多人类学相关的理论难望其项背。在田野调查中笔者惊奇地发现，牧区基层领导中能说得出《公地悲剧》理论的人不在少数，而这些人当中无一人通读过哈丁的《公地悲剧》原文似乎也是在预料之中的，这种现象甚至在学习人类学的群体当中亦没有更大的改观，更多的人停留在"公地会产生悲剧"这样的理解上，再不深究。如同大多数《圣经》的经文不曾被它的虔诚教徒们读过，《公地悲剧》尽管被大量地引用，但却很少被精读。❶

哈丁·盖瑞特在发表此文之前以一本生物学教科书闻名，该教科书主张要对"基因有缺陷"的人进行"生育控制"❷。在《公地悲剧》一文中哈丁的结论是：这是一个悲剧。……每个人追求他自己的最佳利益，毁灭是所有的人趋之若鹜的目的地。❸ 哈丁主张共享资源的社群将无法避免地走向自取灭亡的道路，其结果不是财富人人共享，而是没有任何财富。

哈丁的公地悲剧理论几乎影响了全世界的公用地管理政策。但 Elliot Fratkin 等率先对以此为纲的牧区发展政策进行了回顾和反省。他们的研究证明，在非洲有关项目的执行结果是：土地退化没有停止，甚至加剧了；家畜生产没有增长而经济上的不平等增加了。Elliot Fratkin 等同时提出，公共资源的悲剧并不是因为对公众开放，而是由于缺乏强有力的公共资源管理规则。建立新的牧区发展途径的核心是，承认牲畜灵活迁移的必要性，草地产权政策、基础设施建设、购销和金融等社会化服务及其他政策都必须服从于牲畜灵活迁移这一基本要求。Elliot Fartkin 等还以东部非洲的玛塞（Maasai）和亚洲蒙古国牧区为例，阐述了人口、土地产权等制度对牧区可持续发展的影响。约翰·W. 朗沃斯和格里格·J. 威廉姆森在其合著的《中国的牧区》中提到："表面上看，过度放牧是导致草地退化的直接'原因'，而真实原因则是那些诱导牧场主去

❶　Ian Angus. in Socialist Voice，August 24，2008.

❷　Hardin，Garrett. Biology. Its Principles and Implications. Second edition. San Francisco. W. H. Freeman& Co. 1966.

❸　Hardin，Garrett The Tragedy of the Commons. Science. 1968，12.

适应一种破坏性的草原管理的政策措施，也就是说，草原退化的真正原因是人的行为，而且这种原因不易识别。"❶

公地悲剧理论成为很多政策制定所依赖的模式之一，但那些以此作为政策方案基础的人，常常除了对这些模式作一些隐喻性的引用之外，提不出更多的依据，"公地悲剧"理论更多地用于引发人们因假定模式推论出的可怕想象，而不是作为有严密科学结构和现实经验基础的政策依据。对于"公地悲剧"问题，2009 年诺贝尔经济学奖获得者埃莉诺·奥斯特罗姆的研究结果揭示了哈丁的理论最薄弱的立论基础。奥斯特罗姆首次系统地总结了人们用之以分析公共事物解决之道的三个理论模型。❷ 奥斯特罗姆揭示出公地悲剧理论的立论假设是"公地无管理"，"囚犯困境"则以囚犯之间没有沟通渠道为前提，"集体行动的逻辑"的立论假设基本涵盖了前两种理论的假设前提。而在现实中的公共资源管理，很少有完全无管理而资源利用者之间完全无沟通的例子。❸哈丁的理论之所以漏洞百出，其根源在于他的假设——个人的抉择与他人的意愿无关。而在财产公有的前提下，个人绝不可能避开他人的影响而单独采取行动❹，但这些理论模式被用于政策制定的基础时恰恰忽略了其前提假设。不过，公地悲剧也并非完全地子虚乌有，现实中制度的不完善和文化的不同，有些情况下会让现实条件逼近公地悲剧理论所假设的条件，从而导致"公地悲剧"出现的客观事实，这个问题将在第三章中详细讨论。

每个理论都有其形成的特殊或普遍背景，以及相应的假设条件——无论这

❶ Elliot Fratkin and Eric Abella Roth. Drought and Economic Differentiation Among Ariaal Pastoralists of Kenya. Human Eoology, Vol. 18, No. 4, 1990: 385 - 401.

❷ 即"公地悲剧"理论，"囚犯困境"和奥尔森的"集体行动的逻辑"。这些理论模型都说明了特定情况下的公共事物总是得不到关心的必然悲剧性结果，即亚里士多德所说的"凡是属于最多数人的公共事物常常是最少数人照顾的事物"。对此，长时间以来人们提出的所谓"唯一"的解决方案，便是以强有力的中央集权即利维坦或者彻底的私有化来解决公共事物的悲剧。参见亚里士多德著，吴寿彭译，《政治学》，商务印书馆，1983.

❸ [美] 埃莉诺·奥斯特罗姆. 公共事物的治理之道——集体行动制度的演进 [M]. 余逊达，陈旭东，译. 上海：生活·读书·新知三联书店，2000.

❹ [荷兰] 何·皮特. 谁是中国土地的拥有者——制度变迁、产权和社会冲突 [M]. 林韵然，译. 北京：社会科学文献出版社，2008：222.

个假设是否被明确说明——后人在接受或反驳这个理论时了解这种背景和假设是非常重要的。尽管哈丁本人也在《公地悲剧》发表 10 年后再次撰文解释自己理论中的"公地"是指没有管理的公共用地，但后文的影响远没有"公地悲剧"来得大，几乎很少被提及，而在此期间人们对他理论的误读造成的不恰当引用，其结果却是令人遗憾且无法挽回的。

● 平衡理论及美国草场科学

1915 年，晚于英国生态学会两年建立起的美国生态学会，因为两个人的名声鹊起而在这个领域里迅速上升到了领袖地位，这两个人就是芝加哥大学的亨利·考尔茨和内布拉斯加大学的弗雷德里克·克莱门茨❶。

克莱门茨的生活经历和他所处时代的美国西进运动是克莱门茨学说的大的人生背景。同他观察到的演替序列一样，克莱门茨小时候，也观察到同样的"西进序列"。被认为是一种单元演替顶极学说的克莱门茨气候顶极学说的内容是这样的：在任何一个地区内，一般的演替系列的终点取决于该地区的气候性质，主要表现在顶极群落的优势种数，能够很好地适应于地区的气候条件，这样的群落称为气候顶极群落。❷ 克莱门茨的理论中有两个重要的主题，一个是生态有机论。唐纳德·沃斯特认为克莱门茨的生态有机论来源于达尔文的进化论，而从生物进化论到生态有机论的过程中，有一个人对克莱门茨的影响不容忽视，这个人就是后来以社会达尔文主义而在美国产生巨大影响的英国进化论哲学家赫伯特·斯宾塞。斯宾塞从达尔文的生物进化论中得到启发，在其著作《社会有机论》中坚持认为人类社会是一个自我进化的有机体。斯宾塞的结论是，有机的自然界中的指导性原则——和在人类的世界中一样——是"进步的细分"和"进步的整合"。❸ 克莱门茨的另一个很重要的理念是"植

---

❶　克莱门茨（1874.9.16—1945.7.26）从 16 岁开始涉足生态学研究，24 岁时与同门师兄庞德一同出版了《内布拉斯加植物地理》一书，并在庞德放弃了植物学转向学习法律学后他继续坚持了生态学研究。

❷　孙儒泳，等. 基础生态学 [M]. 北京：高等教育出版社，2002：174.

❸　[美] 唐纳德·沃斯特. 自然的经济体系——生态思想史 [M]. 侯文蕙，译. 北京：商务印书馆，2007.

物是动态的"，即植物组织中有一种先结合在一起最后又难免要分解的流动的持续性。这是他 1916 年出版的著作《植物演替：植被发展的探讨》中贯穿始终的主题。克莱门茨的植物研究产生了一个连续而又精细的生态学理论体系，不仅对这个新学科产生了卓绝的影响，而且在涉及拓荒者与美国草原的关系方面也有重大的意义。

19 世纪中期，为发展经济、壮大国防，新生的美国政府制定了一系列政策法令鼓励向西部移民，兴修水利，发展农业，修建铁路，开发森林、矿产及土地资源，大大促进了西部地区的发展。到 20 世纪初，美国一跃成为世界经济与军事强国。然而，对西部资源掠夺式的开发行为对生态环境造成了巨大危害，1934 年的"黑色尘暴"成为美国西部开发中滥垦滥伐所导致后果的集中爆发，是农场主自 1870 年以来掠夺性开发草地的恶果，是迄今美国历史上最骇人听闻的生态悲剧，被人称为"历史上人为的三大生态灾难之一"❶。这喧尘而上的"跟在犁后的尘土"让西进的人们不得不反思自己的土地开发行为和方式，一种对保持整个生命群落及其栖息物处于稳定平衡状态的考虑出现了。一群中西部的科学家把这个运动引向了生态保护，尤其是在大草原上。研究者们在很大程度上把克莱门茨看作理论导师，而克莱门茨关于动态生态学的著作也确实为这个新的生态保护运动提供了大量的科学根据。当时的基本看法是：土地使用政策的目标是使这种顶级状态尽可能不受干扰——无论在什么时候，人类的干扰都是必然的——他们认为最好的做法是，尽可能不打破大自然的本来面貌。在动态生态学中，顶极或者成年群落是气候形成的直接结果，20世纪 30 年代克莱门茨从注重保护生物群落到倾向于去适应自然的这一转变，确实削弱了顶极保护的某种力量，克莱门茨给拓荒者们的环境建议的目的是尽可能多地维持自然的顶级状态，但其中却未考虑印第安人、野牛、狼以及更多原始群落的因素。事实上，克莱门茨不得不从扶犁人的决心的角度去看西部草原——农业将继续是草原地区的中心经济活动，因为人的经济体系总是优先于

---

❶ ［美］唐纳德·沃斯特. 尘暴：1930 年代美国南部大平原［M］. 侯文蕙，译. 北京：生活·读书·新知三联书店，2003：4.

自然的经济体系。这在生态学上构成了新的宽容，允许满足人类对权力与财富的更大要求的容忍态度——只要能够保证自然的平衡。平衡理论最标准的建议是：只从自然界获取适量的产出，保证生态系统的健康、可持续发展，而不损害到整体的恢复力或稳定性。这就要求人们必须先确定这个"基础稳定点"在哪里，即必须确定稳定状态的种群水平，比如计算每年能捕多少鱼，或者能砍多少树，刈多少草或者能吸收多少污染，这就是基于克莱门茨植物生态学的美国草场科学的主流理论和研究范式。以此为基础的草场科学管理实践还包括"采用固定的、通过围栏加以明确的产权边界"，"牲畜品种改良"，"强制规定载畜量"，"定居"，"以商业型畜牧业取代传统的生计畜牧业"等内容——这些说法在后面的文章中将频繁出现，事实上这几乎就是现行草原政策的全部具体手段，从美国草场科学的建立和发展轨迹看，这些理论和做法在很大程度上是受到当时特定的政治和经济环境影响而产生的，并非如我们所想象的那样完全基于草原生态系统的特点而产生。但是时过境迁，现在所有这些管理措施被认为是可以放之四海而皆准的真理，并在世界各地被不当地复制。❶ 现在，在多种自然条件下，什么是平衡线下正常的收益或产出这种概念已变得越来越模糊不清，越来越多的研究表明，在气候年际变化巨大的地区，载畜量是个无法真正计算的伪概念。❷ 内蒙古草原正是属于这样一种气候极为不稳定且无法预测的生态区域。

以原住民的"过度放牧""落后原始"等非难理由作为对世界范围内草原退化、沙漠化加剧现状的解释成为一种可怕的共识。尽管没有证据表明这种普遍的看法对以联合国为首的世界各国的防止荒漠化对策的制定以及对原住民传统畜牧业方式的态度在多大程度上产生影响，但这样的影响一定是存在，且不

❶ 李文军，等. 解读草原困境——对于干旱半干旱草原利用和管理若干问题的认识［M］. 北京：经济科学出版社，2009：6-11.

❷ James. Ellis and David M. Swift. Journal of Range management：Stability of African pastoral ecosysms：Alternate para - digms and implications for development，41（6），November 1966；Gufu oba，Nils Chr. Stenseth，and Walter J. Lusigi，New Perspectives on Sustainable Grazing Management in Arid，BioScience，January 2000，Vol. 50 No. 1.

可忽略的。❶ 在近 20 年里，沙漠化话语让内蒙古各牧区获得了越来越多的国家、自治区以及国际援助资金、项目等，为持续并强化有关退化的叙述提供了可能的动机。而相关荒漠化原因及治理理论被夸大的普适性和"科学性"，与这些资金和项目同时强势进入牧区。相对于复杂、灵活的本土知识和生态智慧来说，政策的简单化、统一化更便于进行行政管理。而"科学的"相对于"传统的"和"地方的"的知识的俯瞰姿态，让其更具有无法抗拒的话语特权。

一个人也许会陷入他自己所编织的知识网结中，当经过多年努力形成了一种既具有相当效力又简洁的理论后，分析人员显然会希望把它运用到尽可能多的情形中去。正如克莱门茨充满自信的说法："尽管本研究成果仅针对北美洲西部和美国西部，但是该理论的原理和方法具有普遍的应用价值。"❷

由于平衡理论的深入人心，一直到 20 世纪末，内蒙古草原的草地生态系统理论都未对气候的不稳定性给予足够的重视，在谈到牧草植物密度问题时，认为"对牧草植物来说，其种群密度的变化主要由两个因子决定：牧草本身的生长速率和食植者的采食速率。这两个因子作用的净结果便是牧草植物的实现增长率"❸ 从对气候因素的忽略，可以看到的前提假设就是"气候是稳定不变的"。人总是希望用已知的道理去解释未知的世界。在科学发展的历程中，我们总能看到一个个这样的例子，这种对世界进行解释的渴望甚至会让研究者不惜在一切现象中机械套用某一种理论。❹

---

❶ 王晓毅，等. 非平衡、共有和地方性 [M]. 北京：中国社会科学出版社，2010：286.

❷ F. E. Clements. Environment and Life in the Great Plains, with Ralph Chaney. Washington. 1937.

❸ 穆长虹，等. 放牧生态系统的种群调节——正反馈和负反馈 [J]. 草业科学，1992（5）.

❹ 克莱门茨或后来的草地生态学家并不是犯这种理论机械套用错误的第一人。18 世纪末，马尔萨斯在提出"人口论"时，曾因严格简化了的机械论的说理方式造成的一系列逻辑上的弱点而受到批评。他根据北美的各种报道来理解人口的几何级数增长，由此得出结论说，由于未受到邪恶和匮乏的扼制，所以那里的人口每隔 15～25 年便必然会增加一倍。根据这种假设的富裕环境，及其居民对家族规模大小的态度，他抽象出了一种他认为的整个人类的正常"繁殖能力"，并把这种生殖率应用到英国的极不相同的环境中去。而这种"忧郁的比率"成为了资本主义民俗的一部分，使得当时的工厂主都能在这一思想中找到安慰——悲惨在科学上是不可避免的，慈悲只能使问题变得更糟糕。这样的往事，也正好可以说明人类学"文化的解读"概念。如同蒋志刚所说的那样，"生态学的一个特点就是具有价值取向的色彩"，而这种价值取向的色彩并非生态学一门学科独有的特征。

进化论在全世界范围内长期以来的影响，让游牧文化一直以"落后""原始"的形象出现，这是后来的草场科学对游牧文化义无反顾地进行"改革"的基础理由。公地悲剧理论和克氏平衡理论分别从经济学和生态学学科角度论证了自身的正确性，在没有来得及验证其普适性的时候占据了绝对优势从而大行其道。

我们理解一个学术思想的时候，将其放在一个时空大背景下去理解将大大有利于正确、客观的理解。任何一种思想，都有其产生并存在的时代和文化背景，也没有哪一位科学家是不受其特定时代影响的。一个领域的学术理论，其影响往往要远超过它产生的那个学科范畴，效仿中心理论，是自然科学和社会科学之间自诞生以来便一直在持续的互动。❶ 学术思想不是绝对的真理，但客观地认识和剖析特定时代的学术思想，却可以让我们无限地接近真理。任何一种学术理论，都有其产生的特殊文化背景，而这种文化背景却往往容易被忽略或被故意隐藏。这样做的结果是混淆理论的适用范围和适用程度，正如郑易生先生所说的那样："所谓错误，就是被放错了地方的正确结论。"

对于内蒙古草原来说，经过多年的外来移民、政策变化、生产机械化、打工者进入以及市场化、工业化和商业的影响，草原生态环境也发生了很大的变化。在强有力的草原政策和牧区经济发展向工业倾斜的情况下，草原的利用方式和牧民可利用的资源空间有很大的改变，牧民的适应空间被大大压缩，已不是与当年蒙古族单一文化控制时期相应的生态环境。如同文化本身总是在变迁一样，文化所处的生态环境也并非是凝固不变的，多种外来因素的影响，让草原生态每天都面临着新的变化，生态人类学原有的，研究单一环境与单一文化关系的理论已难以解释目前多变的现实，已难以解决当前遇到的困难。生态人

---

❶　例如，达尔文的生物进化论对摩尔根的理论奠基作用及其在社会达尔文主义中的延伸，斯宾塞的《社会有机论》对克莱门茨的演替理论提供的理论根源，黑格尔量变到质变理论对生态学"层创理论"的影响，以及当前的生态学理论对社会学、美学的影响等，某一时代占据主要地位的一种学科理论，总是在更多的学科里产生着广泛的影响。

类学到目前为止的研究已经无法适应我们遇到的问题，作为一个从开创之初就注定是一门实用性学科的生态人类学，研究方法和研究对象亟待拓展和更新。同一生态环境中多种文化的多重关系、多重矛盾的冲突和调适的研究及其与所处生态环境的关系研究应该是今后生态人类学研究的一个新的方向。

第三节　本研究的主要理论观点与方法

一、理论观点

本研究主要有以下三方面的理论思考。

（1）游牧文化的生态环境属性比民族属性更重要，更应该得到重视。对田野点及蒙古族传统游牧文化形态的还原，以及当地原有主导文化——蒙古族游牧文化与环境的关系分析，是本文的重点内容之一。蒙古族游牧文化中的许多元素，比如习惯法、歌舞艺术、建筑、服饰等，多被作为民俗研究对象来分析、解释，而作为蒙古族传统经济和文化的根基的"游牧"，则较少被关注。笔者认为以艺术、服饰等方式表现出来的文化现象，同时也是蒙古族文化对草原生态环境适应方式、理念的体现和延伸，游牧民取自其特定自然、资源和畜牧业产品的衣物、用品、牲畜等，是牧民基于生态资源的文化行为在民俗学场景中的体现。笔者对蒙古族游牧文化的理解基于这样一种认识：蒙古族的传统游牧畜牧业，是基于人、牲畜、生态环境三者利益平衡的一种生产方式。蒙古族游牧文化是对草原生态环境适应和管理的综合型经济文化形态。生态环境是人的利益来源，牲畜是转化生态资源的媒介，人的迁徙行为是为了通过保护生态环境、保障畜群健康来最终达到保证人的利益。游牧文化的根本在于保障人和环境的共存。游牧民游动迁徙的目的不是为了追求游牧移动的高频率，移动的频率与蒙古族文化的正统性并没有正相关的关系。迁徙不是为了保护文化，更不是出于迈尔斯所说的"一种情结"❶，而是为了保护草原、保障生存，是人、牲畜和草原的三个层面相适应的结果，而这种过程孕育和发展了游牧文化。这样的关系，却常常被本末倒置。基于这种理解，笔者认为哈日干图草原的游牧文化不仅仅属于当地蒙古民族，也不应该仅仅是蒙古族牧民适应草原生态系统的方式。

（2）在生态人类学的研究中，除了人与自然环境的关系之外，人与人的关系、人的行为活动与自身心理的关系，应受到更多的关注。在半个多世纪的变迁过程中，草原政策作为一种强有力的外来因素，其演变过程对当地蒙古族原住牧民和汉族外来人口的生产生活、文化心理以及当地草原生态环境产生了不可忽略的，甚至是决定性的影响。蒙古族归附清朝后的几百年来，在与不同文化的或主动或被动融合过程，也是原来在内蒙古草原地区占主导地位的游牧文化不断变迁的过程，尤其是其生态资源拥有量、适应空间的容积都已大不相同。内蒙古草原是我国北方最大的自然生态屏障，其价值难以估量。同时，内蒙古草原也是蒙古族文化的起源、发展之地，对于在这里居住的人们来说，以游牧为核心的畜牧业是其社会和文化中非常重要的一部分。生态人类学一直努力以大视野去研究人类与环境的互动关系，并在当今举世关注环境状况和环境问题的背景下，试图以人类学的整体观和对人类群体社会文化的独特理解来分析、回应人类过去和现在对环境的适应机制及对环境问题的解决方法，以探讨可持续发展模式。❷ 人类学视野下，生态问题作为一种文化范畴，它是人类与

---

❶ ［美］迈尔斯. 蒙古畜牧调查报告书［R］. 汉昭译. 内蒙古自治区蒙古族经济史研究组编. 蒙古族经济发展史研究. 第2册（资料）. 1988（8）：215－216.

❷ 这是一段有关生态人类学定义和研究领域的简短总结，具体相关论述可参阅：

［日］田中二郎. 生态人类学［M］//绫部恒雄. 文化人类学的十五种理论. 北京：国际文化出版公司，1987：115－126.

［日］秋道智弥，等. 生态人类学. 范广融，尹绍亭，译. 昆明：云南大学出版社，2006.

Emilio F. Moran. Human Adaptability: An Introduction to Ecological Anthropology. Published by Westview Press, 2000.

庄孔韶. 人类学通论. 太原：山西教育出版社，2002：126－150.

［美］麦克尔·赫兹菲尔德. 什么是人类常识：社会和文化领域中的人类学理论和实践［M］. 刘珩，石毅，李昌银，译. 北京：华夏出版社，2005：194－216.

自然及社会文化环境的一种适应的系统机制，它涉及人类赖以生存的三种关系，即人与自然的关系、人与人的关系以及人的行为与自身心理的关系。三种关系相互作用、协调、整合，形成各种行为规范和千差万别的文化模式。半个多世纪以来内蒙古牧区的文化组成、资源利用方式的变化和文化内部以及不同文化间的冲突与融合，在上述三种关系上均有所体现，且影响程度不容忽视。正是这些有形无形的变化，以很可能远大于我们所理解的速度和程度作用于草原生态环境，呈现出的便是今天让我们忧心不已的草原现状。"……人类恰恰是极端依赖这种超遗传的，身体以外的控制机制和这种文化程序来指导自己行为的动物。"❶ 格尔茨的描述恰恰可说明本文后面的章节中将提到的蒙古族牧民对草原的"漠视"产生的深层根源——文化对生态环境的反作用，这种作用应该比现在受到更多的关注。至少到目前为止，文化在政策变革过程中的命运被忽略的同时，被"扰动"的文化可能会对环境产生的影响也同样没有被在意——这片土地上的原住牧民或主体人群，在政策当中是作为一个个分离的政策的承载体或理性人，而不是作为一个文化整体而被考虑，人和文化被生生地割裂了。而这样做的后果，造成文化约束力的丧失，这使得在严酷的自然条件和不适宜的管理方式下日渐退化的草原雪上加霜。

（3）传统文化的自觉、自决以及文化多重矛盾的融合是解决生态困境的重要突破口。内蒙古草原生态的现状已经到了非常危险的境地，但来自那片草原的并非都是让人颓丧的信息。在离田野调查点不远的牧区，笔者看到牧民自主采用的集体内部资源分配及利用模式，在缓解草原生态恶化和社会各种矛盾方面取得的值得期待的效果。笔者认为，这是传统文化的一种自觉行为，也是当地几经变迁、融合后的文化间多重矛盾的一种融合模式；这种模式在具体形态上表现为牧民在可能的政策空间内对传统文化能动性的把握，以后还应包括外来文化和政策对当地传统文化的适应。

在畜牧业现代化成为内蒙古畜牧业发展方向而被广泛呼吁的时候，人们以

---

❶ ［美］克利福德·格尔茨. 文化的解释［M］. 韩莉，译. 南京：译林出版社，1999：51.

"现代"代替"落后"的激情和渴望被极大地鼓励，传统畜牧业方式很自然地成为了"现代"的对立面，而关于"现代"或"落后"的评判标准集中在其表面上的生产方式，这是近几十年来"集约"与"粗放"之争的根由。生态人类学的理论长期以来囿于单一文化与单一环境关系的研究，人类学对传统文化的关注亦多以传统文化的被"破坏""同化"为焦点。事实上，所谓"同化"和"传统"只是相对概念。文化的变迁是常态，"传统"只是相对于"现代"而言的。人类的历史，总是在为解决现代与传统之间的紧张状态而努力，但并非今日的现代就必然成为明日的传统，文化的时空转换就完成了完美的接轨。不同文化间总会有无法融合的潜在力量存在，而更具意义的是，文化间的融合可能性也是恒久存在的。重要的是，每一种文化都应该找到支点，让自身拥有传承下去的理由和力量，而这个支点，我想应该就是它们所处的自然生态环境。笔者在梳理哈日干图草原文化在外来文化与政策的作用下变迁的过程时，不单以当地原住蒙古族牧民的传统文化为研究重点，而是试图将传统文化和外来文化以及政策因素放在同一视野、同一环境中，关注它们之间的互动性。探讨在内蒙古干旱半干旱草原牧区特殊的、时空异质性很大的环境下，如何调整不同文化之间的以及文化和环境之间的冲突，为目前陷入"恶化—治理—更严重的恶化"这种怪圈中的草原生态问题梳理各层面上的症结，寻求解决的方法和出路。

二、本文的调查方法

田野调查和文献查阅是本文的基本研究方法。在历史资料查阅阶段，主要依靠当地档案部门的资料和相关研究文章以及其他方式获得的统计资料。进入田野点后的调查方式以非结构式访谈为主，访谈人主要选择当地嘎查老领导、新老牧民以及各类以畜牧业为主要收入来源的人群，对不同时间段的往事回顾靠多位访谈人的回忆和旧时笔记、账本等。同时为确保获得信息的准确性，笔者采取向同一访谈人多次提问同一问题和向多位访谈人提问同一问题的方式，对之间有出入的再详细求证，核对有记录的资料和数据。笔者生长在当地，自幼同时使用巴尔虎方言和科尔沁方言，因此在与不同的访谈人交流时不会因语言而产生距离感。而且因为熟悉当地，也被很多当地人所熟悉，在调查过程中不会被视为"他人"而产生隔阂，这给调查提供了很大的方便，也让我有更多的可能去接触和了解到深度的问题。

在调查过程中笔者也遇到了很多困扰。在数据搜集方面，畜牧业的官方第一手资料，如牲畜头数、牧民收入等数据是在当地畜牧业主管单位收集的，最终公布的数据则由旗县政府把关。因为2008年之前牧区收防疫费、草原管理费等的依据就是牲畜头数，因此牧民瞒报情况较严重，工作人员也因为人员不足、核对困难等原因不作详细调查，所以收集到的资料往往比真实数据少。可是，每年畜牧业工作又是有指标任务的，而且在2006年之前这些指标基本上都是增加任务量，因此为完成当年的工作任务，上报到旗县政府的数据则可能比实际数据要多。田野调查中到牧户家中调查的数据是准确的，但一方面田野点的范围有限，另一方面蒙古族牧民没有记账的习惯，对于以往的情况描述只能靠牧民的记忆来获得，因此对文中数据的把握成为影响本文结果客观真实性的关键因素之一。文中最后利用的数据资料以原嘎查书记和嘎查达❶的个人记录（这些人是作记录的，且数据的真实性比较可靠）为原始依据，参照官方数据，对于相互出入特别大的，则对畜牧系统的负责人和前负责人及其他知情人进行访谈，尽量获取更真实的数据来反映具体问题，尽最大可能保证所用数据真实可信，结果公允、可靠。出于对有关人员隐私的考虑，文中所涉及人名作了相应的处理。

在调查内容方面，不仅调查牧民的传统文化和传统单一环境，同时将政策的演变、外来移民的思想、心理和知识结构作为重点调查内容。在方法和理念上试图跳出传统的族群文化研究视角，在一个更广阔的人类学视野中去观察和研究田野点的人、事及文化。

在一个既定的环境中，当地的文化和与文化相应的行为直接影响这个区域

---

❶ 嘎查系蒙古语，为内蒙古牧区村级行政建制；嘎查达，指嘎查领导人，相当于生产队队长。

的生态状况，无论不同文化作出反应的出发点是什么，对生态环境来说结局才是最现实的，而且这个结局，反过来也要由这个区域乃至更大生态尺度中的人群共同承担。环境的紊乱是由于人类的活动而引起的，但又反作用于人。环境危机因此也就不仅是一个生态学上的问题，而且还是一个社会问题。北京、天津，远及日本、美国等地的沙尘暴问题充分说明了这一点——我们是在一起的。从这个意义上来说，草原的未来，关系着人类的命运。

第一章

田野点概述

如果不把土地退化问题看成基本上是一个社会问题，那么它就无法被解决。解决这个问题必须像严格考虑到对环境的影响那样，也必须考虑到对社会的福利和经济的关系。

——《世界资源报告（1988—1989）》

第一节　历史沿革

早在旧石器中晚期，如今的巴尔虎草原上就生活着扎赉诺尔人。秦代以前，东胡族的北支在这里渔猎、游牧。这一带汉时为匈奴辖地。东汉时期鲜卑人从大兴安岭南迁大泽（今呼伦湖），在此生活了一百多年，遗迹有"完工墓群"。唐代，突厥、回纥和黠戛斯、室韦人曾在这里生活。辽代，这里为契丹人辖地，当时生活着蒙古乌古部和敌烈部，至今留有黑山头上勍力附近的古边壕（成吉思汗边墙）及浩特陶海牧场附近的陶海古城等遗迹。金代，这里为女真人辖地，当时居住着蒙古翁吉剌部。元代，成吉思汗统一蒙古草原后，陈巴尔虎旗在其弟合拙·哈萨尔的封地之内。后属岭北行省和林路管辖，明代归努尔干都司翰难河卫海喇儿千户管辖，清代归呼伦贝尔副都统衙署辖。

1732年（清雍正十年），巴尔虎（蒙古族一部）、索伦（鄂温克族一部）等部从大兴安岭以东布特哈地区迁至呼伦贝尔牧区，组建索伦左右两翼，共分八旗，其中左翼大部驻牧在今陈巴尔虎旗境内。1734年（清雍正十二年），又约有3000名巴尔虎人从喀尔喀车臣汗部迁至呼伦贝尔，故称早两年迁来的巴尔虎人为陈巴尔虎，后迁来的为新巴尔虎。1919年（民国八年），呼伦贝尔副都统衙门从索伦左翼中将陈巴尔虎蒙古人所在的镶白旗和正蓝旗分出5个佐，单独成立"陈巴尔虎旗"，下设12个佐。该旗自此正式独立建旗，2009年正值建旗90周年。伪满时期陈巴尔虎归兴安北分省管辖，后归兴安北省管辖，1934年起在陈巴尔虎旗设旗公署。1946—1949年，隶属呼伦贝尔自治省政府。1949年，陈巴尔虎人民政府建立，归呼伦贝尔纳文慕仁盟管辖。本文田野点哈日干图苏木同时建立，当时名为昂格日图苏木，后于1952年同完工苏木合并，仍称昂格日图苏木。1954年，旗人民政府改称旗人民委员会，归属呼伦贝尔盟（当时兴安盟并入呼纳盟，建立了呼伦贝尔盟），下设4个苏木。1958年，公社化开始，各苏木改称人民公社，昂格日图苏木也于同年改为呼和诺尔公社。1962年，布日罕图嘎查、昂格日图嘎查、哈日干图嘎查从呼和诺尔苏木分出来建立了哈日干图苏木。1968年4月，旗革命委员会成立，隶属于呼伦贝尔盟革命委员会。各公社、苏木、镇相应成立革委会。1969年8月，呼伦贝尔盟划入黑龙江建制。十年后，1979年，划回内蒙古自治区。1980年12月，撤销旗革命委员会，改称人民政府至今。1984年由原来的手工业社成员和公社牧场为基础成立了巴彦陶海嘎查，哈日干图苏木共辖4个嘎查。此后不久，巴彦陶海嘎查并入哈日干图嘎查。2001年撤乡并镇，哈日干图苏木又重新划归呼和诺尔镇（原呼和诺尔苏木），哈日干图成立办事处，行政等级未变。

第二节 自然环境及其变迁

哈日干图苏木位于东经 118°54′，北纬 49°12′。东、西、南部为草原带，北靠海拉尔河，土地总面积 1800 平方千米，其中草牧场面积 1750 平方千米，中北部是呼伦贝尔沙带的一部分，面积为 88 万亩。沙丘带为西北、东南走向，与风向平行，生长灌木丛和榆树、柳树，外围生长冰草、羊草、沙蒿等，阴坡有稀疏樟子松林分布。境内海拉尔河流长 44 千米，河流面积 7156 亩，大小湖泊 17 个，面积 6375 亩，产鲤鱼、鲫鱼、鲶鱼等。气候属中温带干旱大陆性气候，春、夏、秋、冬季各为 2、3、2、5 个月，冬季漫长寒冷，年降水量 250～300 毫米，主要集中在夏季，属半干旱温凉牧业气候区。草场类型有高平原干草原草场、沙地植被草场、河滩低地草甸草场。土壤类型以沙土、栗钙土和粗骨土为主。沙带内从地貌上可分为沙丘、丘间平地及腐蚀洼地。丘间平地面积较大，覆盖度较好，多为固定沙丘和栗钙土型沙土。沙带两侧分布着单独存在的生草沙土和栗钙土型沙土，更远的两侧分布着各种沙质草甸栗钙土、暗栗钙土。"哈日干图"系蒙古语，意为有"哈日嘎纳"（蒙古语为 hargana）的地方。哈日嘎纳系豆科植物小叶锦鸡儿（Caragana microphylla）的蒙古名称，哈日干图即"锦鸡儿之原"。1990 年，全苏木总户数 344 户，总人口 1412 人。由蒙古族、汉族、鄂温克族、达斡尔族等 9 个民族组成。其中蒙古族占总人口的 56.3%，汉族人口占 39.9%。全苏木以畜牧业为主体经济，多种经营。2006 年，该苏木三个嘎查共有大小牲畜 50549 头（只），其中小畜 45260 只，马 1046 匹，骆驼 70 头。牧民人均收入 4178 元。哈尔滨至辽宁铁路在境内有 30 千米。

该地区自然灾害主要有白灾、黑灾和旱灾。

积雪过深，掩盖了牧草，而积雪表层有硬壳，牲畜不能正常采食，即形成"白灾"。该地区积雪时间一般为 11 月中旬至第二年 3 月中旬，白灾的持续时间为 112 天到 163 天。初冬，河、湖、泉结冰，少雪或连续无降雪，人畜饮水困难，无水草场不能利用，形成"黑灾"。干旱则是该地区最常见的灾害，1998 年至 2007 年的十年间，该旗的年平均降水量一直徘徊在最低降水量上下，2001 年达到最低 176.2 毫米，除 1986 年降水量为 156.0 毫米外，成为1949 年以来干旱最严重的一年。

除上述灾害之外，冷雨和湿雪也在当地较常见，对畜牧业危害较大，洪涝灾害则比较少。

哈日干图草原位于呼伦贝尔草原的中西部，本书田野点的近一半面积属于呼伦贝尔沙带（图 1—1）。现代的呼伦贝尔草原，出现于末次冰期之后，丰茂的植被和大批的原生动物，为人类提供了丰富的食物。该地区最早的人类活动大约在距今一万年前。其后，呼伦贝尔草原成为猎人和牧人的世界。从考古发现可以推测，在汉代以前海拉尔河和伊敏河都生长着松林。东北北部的原始森

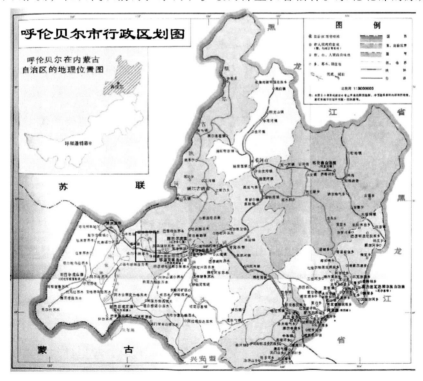

图 1—1　田野点的位置图

33

林大抵以松树为主，原始森林被破坏之后白桦林代之而起，形成次生林。汉代呼伦贝尔沙地基本以白桦为优势树种，松树退居次要地位。汉代之前，呼伦贝尔沙地大体保留着原始状态，生态环境良好，适宜人类居住。鲜卑人两次南迁可能与这里的生态环境有关。据《魏书》记载，拓跋鲜卑是在魏宣帝推寅时"南迁大泽"的，这个大泽即今达赉湖（呼伦湖）一带，迁到这里的原因，与这里优良的自然环境是分不开的。在这里驻牧八代之后，到圣武皇帝诘汾时，又由于这里的生态环境被破坏，才又不得不第二次南迁，离开这里，迁移到匈奴故地（今阴山）一带。《魏书·序纪》记载："有神人言于国曰：此土荒遐，未足以建都，宜复徙居。"这里所提到的第二次南迁之因，所谓"此土荒遐"，"实际上是指环境恶化不适于居住生活而言"。❶ 在汉代，呼伦贝尔沙地环境逐渐恶化，不仅与鲜卑人伐树、剥树皮等行为有关，也与鲜卑人的农业种植有关。在扎赉诺尔鲜卑墓中多次发现粮食残迹，说明当时至少在海拉尔河沿岸，鲜卑人已垦殖种田。在开垦过程中要放火烧荒，大批砍伐树木，这种情况下必然有许多草场、森林被毁，生态环境遭到破坏是不可避免的。然而，由于当时人口较少，破坏亦不会太大。

辽代，是历史上呼伦贝尔人类活动最为剧烈的时期，当时修边壕、大范围地垦荒种地和频繁的战争，对生态环境产生了重要的影响，直接导致了沙漠化的产生。辽王朝政府对农业十分重视，其在呼伦贝尔草地的垦殖种田也收到了良好的效果。《辽史·食货志》上称："凡十四稔，积粟数十万斛，斗米数钱。"辽代在呼伦贝尔地区修边壕、挖水渠、建城池、垦殖土地，并且大量移民，这些活动的规模之大、范围之广，远远超越前代。这些军事性、生产性的活动破坏了草原植被和地表土层。辽代的城池、边堡、耕地、村落主要是在河流、湖泊沿岸，因此，沙漠化率先在河流、湖泊沿岸出现。如今的呼伦贝尔沙地多分布于河边、湖畔，就缘于此。

至元代，呼伦贝尔草原的沙化又进了一步。元代时，呼伦贝尔草原和外贝

❶ 景爱. 沙漠考古通论［M］. 北京：紫禁城出版社，2000.

加尔草原是成吉思汗家族的驻地，是成吉思汗大弟拙赤·哈萨儿、幼弟铁木格斡赤斤和外戚洪吉剌氏的封地。拙赤·哈萨儿和铁木格斡赤斤的城邑较多，游牧民族要定居，必须从事农耕才能保证供给。有人从蒙古城邑的存在推断附近会有耕地。其他考古发现也证明元初乌尔逊河、辉河、额尔古纳河一带是人烟较稠密，农业较发达之地。而到了近代，呼伦贝尔草原的沙化更加严重起来。俄国人在修筑中东铁路时，将铁路沿线的森林砍伐殆尽，滨洲铁路沿线沙漠化特别严重，就是修筑铁路所产生的直接后果，本书的田野点哈日干图苏木的中部即在该铁路海拉尔至嵯岗段沿线，属呼伦贝尔沙带腹地。

20 世纪 80 年代，该旗境内沙质草场面积为 213.7 万亩，当时的气候条件较好，雨水充分，沙地植被生长良好，平均植被盖度在 70% 以上，平均亩产干草 176 斤。同时，沙地植被草场均为固定沙丘或半固定沙丘，未出现流动沙丘，牧草种类较多，丘陵地带涵养水分的功能良好，洼地基本上都有长年积水，供牲畜饮用，沙地生态总体状况良好。

2004 年，该旗仅露沙地面积就有 205 万亩，原有的固定沙丘和半固定沙丘变成流动沙丘，植被覆盖率、草层高度、牧草产量大幅下降，丧失了固沙涵水的作用。平均植被覆盖率低于 40%，严重沙化地区低于 10%，平均亩产干草 24 千克。由于严重沙化，牧草再生及种子繁殖受影响，草群结构有很大变化，禾草类优质牧草锐减，蒿类等劣质牧草增多。东部及东北部的逐年开垦，使土壤中的腐殖质耗尽或被风吹走，加剧了沙化趋势。哈日干图苏木定居点周围的沙丘植被以差巴嘎蒿、黄柳、小叶锦鸡儿、冰草、虫实、沙蓬等植物为主，其中尤以差巴嘎蒿和黄柳的固沙作用为最，平均植被高度在 50 毫米左右，在沙丘植被中捉迷藏是当地孩童最常见的游戏之一。进入 21 世纪后该地区沙地露沙面积急剧扩大，到 2007 年，苏木定居点方圆 1 千米内已是连天赤沙，几近寸草不生。

在经济为纲的时代，草原的价值更多地是作为畜牧业的原料来源而被认识的，但草原的生态功能远远重于经济功能。草地是地球陆地上面积仅次于森林的第二大绿色覆被层，约占全球植被生物量的 36%，约占陆地面积的 24%。

它在生态与经济上的意义与作用十分重大，与森林和农田一起是地球上三个最重要的绿色光合物质的来源。草地的全球生态功能首先在于它独特的生态地理位置。草地占据着地球上森林与荒漠、冰原之间的广阔中间地带。草地覆盖着地球上许多不能生长森林或不宜垦殖为农田的生态环境较严酷的地区，如极端干旱的沙漠、戈壁与森林地带之间的干旱、半干旱地带，荒漠灌溉绿洲与沙漠之间的过渡带，极地冰雪边缘广阔的冻原地带，山地森林上线与高山冰雪带之间的高山、亚高山植被带，以及寒冷荒芜的高原等。草地的这种中间生态地位使它在地球的环境与生物多样性保护方面具有极其重大和不可代替的作用，尤其是在防止土地的风蚀沙化、水土流失、盐渍化和旱化等方面，草地的作用往往是森林所不能及的。草地的全球生态意义还在于它特殊的生物地球化学循环作用。在草原黑钙土与栗钙土的腐殖质层与冻原泥炭层中所贮藏的巨大碳素，使草地与森林和海洋并列为地球的三大碳库，在碳循环中起着重要作用。因此草地在全球变化中起着举足轻重的作用。

草原生态系统碳储量占陆地生态系统总储量的12.7%。其中，草原土壤和生物有机碳储量分别占世界土壤有机质储量的15.5%，生物碳储量的6%；净初级生产力占世界陆地净生产力的14.2%；呼吸量占世界陆地土壤净呼吸量的5.6%。草原中储存的碳总量为266.3Pg，其中，约90%是储存在土壤中，生物量中仅为10%。因此，草原土壤是主要的碳库（尚未包括地下根系中的碳）。此外，热带和温带草原碳储存与周转的情况也有区别，就温带草原而言，碳素的绝大部分储存在土壤中，周转时间较长；而热带草原碳素的30%储存在地上生物中，碳素在生态系统中停留时间很短。因此，在存留碳的能力方面，温带草原要超过热带草原。❶

有研究表明，该旗的草场牧草生产价值220460.4万元，占的比重只有27.2%，生态功能价值698121.9万元，占总价值的86.1%，远大于牧草生产价值。其中最大的是涵养水源的价值，占到41.3%；其次是保持土壤的价值

---

❶ 李博，雍世鹏，李瑶，等. 中国的草原［M］. 北京：科学出版社，1990：213-218.

和固碳吐氧的价值，分别占到 31.4% 和 23.8%，因而生态系统的服务价值不可忽视。❶ 据 2004 年第三次荒漠化沙化土地监测结果显示，该旗退化沙化草场面积达 61 万公顷（1 平方千米 = 100 公顷），占草场面积的 40.1%。其中沙化草场面积为 16.15 万公顷，与 20 世纪 80 年代初相比草原生产能力明显下降。全旗天然草场产量普遍下降 30%~70%。截至 2006 年年底，全旗沙化草场比 1985 年增加 1.9 万公顷。平均每年以 0.1 万公顷的速度沙化。其中，呼和诺尔镇❷沙化草场面积为 13.28 万公顷，比 1985 年增加 1.56 万公顷，原有固定沙丘和半固定沙丘变成流动沙丘。植被覆盖率、草层高度、牧草产量幅度下降，丧失了固沙涵水的作用。沙化草场植被平均覆盖率不到 40%，严重沙化地区不到 10%，平均亩产干草 12 千克（1985 年平均亩产干草 75 千克），可利用亩平均产草量为 6 千克（1985 年可利用亩平均产草量 44 千克），理论载畜量 5.07 公顷/羊单位（1985 年理论载畜量仅为 3.2 万只羊单位）。尤其是哈日干图地区草场沙化程度最为严重，除南部草场外其余草场基本形成流动沙丘。草原正在丧失水分自然渗透和保持能力，导致了呼吸作用和蒸发作用速度的改变。这影响了相对湿度，并且可能对其他地区的降水造成影响。

尽管草原的生态功能如此重要，但其重要性长期不受重视，在我国近代以来的法律中，草原一直是等同于"荒地"来定义的。1934 年，国民政府行政院农村复兴委员会所编的《中国农业之改进》一书中，将草原作为荒地对待，提出："我国荒地有数百万方里之多……苟能移民殖边……"我国先后颁布过四部宪法，即 1954 年的宪法、1975 年的宪法、1978 年的宪法和 1982 年的宪法。作为国家的根本大法，头三部宪法关于资源的阐述中均未提到草原。显然，在三部宪法里，草原都被纳入"荒地"这个范围了。在完成立法程序的、全国性的有关土地所有制的法规里，草原的所有制在很长时间内曾是个巨大的空白。❸

---

❶　刘治国，等. 陈巴尔虎旗退化草地价值核算的研究 [J]. 甘肃科技，2009 (15).

❷　哈日干图苏木于 2001 年并入该镇，上述数据包含本书田野点。

❸　张正明. 内蒙古草原所有权问题面面观 [J]. 内蒙古社会科学，1982 (4).

从文化意义上看，对于在草原上从事生产活动的蒙古人来说，草原的概念不是学者眼中的"资源""景观"，更不是农耕民族所理解的"荒地"。蒙古语中草原一词有多重含义。蒙古语称草原为"塔拉努图戈"（tala nutag），"塔拉"指广阔的草原，强调的是自然性；"努图戈"（nutag）则指"家园，居所"，意即草原就是大自然赐予的家园。称为呼德（hudee）的时候，强调的则是一种整体的空间概念，除了自然状态的资源，亦包含人参与其中的"整体"生存空间以及游牧生活的延伸意义。而在草原作为牲畜的放养地时称为"belcheer"，类似于汉语的"草场"，但两词并不完全对应，同是"草场"，亦可称为"nutag"，此时强调的是拥有权，比如，说这里是某某人的"nutag"，即指某某人拥有的草场，或是某某人曾经使用或正在使用的草场。作为打草场的草原，称"hadlan"，在这个词里没有明显的拥有权含义，这也说明了蒙古族传统草原利用方法中的公共性。对于春夏秋冬不同季节使用的草原，则分别称"havarjaa""namarjaa""evuljee""zuslan"，这些称谓的具体含义将在第二章中详细描述。总之，在蒙古语的语境中，对草原的多重称谓总体上强调的是一个"家园"和生存空间的概念，因此草原的泯灭也就等于"家园"和生存空间的破碎。

图 1-2　牧民用机械刈草、打捆的冬草（摄影 乌尼尔）

图 1-3　牧民用机械刈草后的人工堆草法（摄影　乌尼尔）

　　由于全球性气候环境的变化和人为不合理的经营利用，草原植被长期得不到恢复和更新，使原本脆弱的天然草原生态环境日趋恶化，突出地表现为：一是草原退化、沙化、盐渍化速度加快。20世纪70年代中期至80年代中期，该旗草原每年以0.49%的速度退化；80年代中期至90年代中期，每年以1%～2%的速度退化；90年代中期至2005年，每年以2%的速度退化。二是退化程度愈益严重。最初以轻度退化为主，现在中度和重度退化面积增速很快。三是范围越来越大。由人口密集区向人口稀疏的地区不断扩展。四是优良牧草比重下降。天然草原的优良牧草的比重呈阶梯状下降，重度退化草场中优良牧草仅占10%，产草量每年下降。载畜能力下降：与70年代相比，目前全旗退化草原面积增加了6倍多；理论载畜量下降了44%，植被覆盖率降低8%～15%，草层高度下降7～15cm，草地初级生产力下降30%～50%，优良禾草比例平均下降10%～40%，低劣杂草比例平均上升10%～45%，鼠害面积在13.3万公顷左右，每4～5年大爆发一次，不仅消耗大量牧草，而且使草场植被和土层结构遭到彻底破坏。

　　根据2005年草原资源调查，该旗退化（包括沙化、盐渍化）总面积为708722.8公顷，占全旗草原总面积的46.55%。其中退化草场面积为

574676.98 公顷，占退化草原总面积的 81.09%；沙化面积为 75424.36 公顷，占退化草原总面积的 10.64%；盐渍化面积为 58621.46 公顷，占全旗退化草原总面积的 8.27%。全旗现辖 5 个苏木镇，29 个嘎查，2031 个牧户，7338 个牧业人口。其中贫困户有 453 户，涉及 1470 人，贫困牧民占全部牧业人口的 20%，而中国的"国家贫困人口比例"只有 3%。❶

第三节　消费草原的人们

　　通常理解中的草原资源消费者，应该是牧民。但随在进入现代草原牧区的各种外来文化的复杂性增强，草原的消费者已发生了很大变化。❷ 草原牧区的人口在增加，人们想当然地会认为增加的是牧业人口，即牧民，这就是在寻求解决草原退化问题的出路时总有人建议"提高牧民的文化素质，改变生育观念"的原因，也是现在内蒙古在大力推行的生态移民工程的重要依据之一。但牧民真的增加了吗？以本文田野点所在旗为例。1732 年，清朝为防止沙俄在呼伦贝尔无人区的渗透，以戍边为目的移民巴尔虎牧民驻防边疆，移民 275 户兵丁及其家属。在 1918 年脱离索伦旗单独建旗时人口有 6000 多人，而据估计，现在该旗境内的巴尔虎人口仍未突破 10000 人。全旗辖 5 个苏木镇，29 个嘎查，现有人口 59736 人，其中纯畜牧业人口仅为 2031 户，7338 人，可见牧民人数的增加是非常缓慢的。牧民的牲畜头数是否增加了呢？1911 年，该旗的牲畜头数达到历史最高，达到近 92 万头（只），其中马 8 万多匹，占牲畜总

---

　　❶　http：//www.sccom.gov.cn，四川省商务厅网.

　　❷　内蒙古自治区 1949 年牧区人口为 26.3 万人，2000 年增加到 192.9 万人，增长 6.3 倍；同期全国人口由 5.4 亿增加到 12.6 亿，增长 1.3 倍；从 1949—1999 年，每个绵羊单位拥有天然草场面积从 20 世纪 50 年代初的 11 公顷，至 1999 年下降到 1.1 公顷，仅相当于 50 年代初的 1/10，2001 年牧业年度牧区草场实际载畜量是 0.84 公顷/羊单位；以内蒙古锡林郭勒盟为例，全盟的牲畜头数从 50 年前的 130 万头增加到 2001 年的 1710 万头，增加了 11.4 倍。有人据此认为，草地超载的背后原因是牧民对短期经济效益的盲目追逐，对草原的掠夺式利用导致草原退化、沙化迅速加剧。这些数据虽然是客观的，但其表述却混淆了人们的视线，掩盖了人口增长和牲畜头数增长的真相.

数的 8.7%，马群最大的一户有 1 万多匹马，并因此曾受当时清朝政府的嘉奖。● 2008 年该旗牲畜头数是 90 万头（只），马 12654 匹，占牲畜总数的 1.8%。如果把最高时达到近 30% 的非牧户牲畜数减去，再按羊单位●来折算耗草量，现在牧民所拥有的牲畜数远远低于历史上的牲畜量。可见，牧区人口和牲畜大量增长是事实，但增长的人口并非牧民，增加的牲畜也并非牧民的牲畜。

陈巴尔虎旗草场面积 2250 万亩，可利用草场面积 2054 万亩，2005 年开展规范管理草原使用经营工作，查处非牧户占用草场问题，共查出占用草场的非牧户 181 户，占用草场面积 129.1 万亩●，从数据上看，非牧户占用的草场面积占全旗可利用草场的 6.28%。但事实上被占用草场在该旗实际草场中所占真实比例要用另外一种计算方法。该旗有 3 个国营农牧场，这些农牧场占用的耕地、草场、场部用地以及驻守该旗边境部队占用的草场总面积为 471.61 万亩，另有旗政府所在地、各苏木、镇政府所在地占用草场面积共 41.83 万亩，除去上述既定用地面积后该旗实际可利用草场面积应为 1470.56 万亩，即非牧户占用草场面积占实际可利用草场面积的 8.8%。占用草场的非牧户中招商牧场 21 家占用草场 26.5 万亩，企事业单位 15 家占用草场 8.6 万亩。在此次整顿后旗委、旗政府报请呼伦贝尔市委、市政府批准，针对非牧户占用草场问题出台了应对政策，其中规定"依据《草原法》加强对机动草场的管理……制订科学合理的统一收费标准……放牧场、打草场每亩使用费不低于 3 元"。按此收费标准，招商牧场和企事业单位占用的草场每年最低可收费 105.3 万元，而这 35.1 万亩草场分配到真正牧户手中使用可创造的价值和征收草场使用费产生的价值之间的得失，尚无法评论。2006 年 7 月 2 日的《内蒙古日报》头版刊登内蒙古自治区政府决议：内蒙古自治区纪委等部门联合发出通知要求占

---

❶ 陈巴尔虎旗史料（蒙古文）［M］. 呼和浩特：内蒙古文化出版社，1990.
❷ 牧区计算牲畜物理量的一种方法，具体计算方法是：绵羊、山羊 = 1 个羊单位；牛 = 5 个羊单位；马 = 6 个羊单位；骆驼 = 7 个羊单位。
❸ 农牧业信息. 2005 - 4 - 20.

用草场的党政机关和个人务必于 2006 年 10 月 31 日前无条件退出。截至 10 月底，全区有 60 个党政机关和 1036 名干部退出草场 325.6 万亩，加上清理其他非牧民占用草场 1128 万亩，全区已清理占用草场 1453.6 万亩，但还有 138.7 万亩草场没有退出。要彻底解决权力漏洞以及经济利益驱使下的非牧户占用草场问题，尚任重而道远。

尽管草原退化的主要原因已经被公认为人为因素，人为因素中人口压力过大成为根本原因，而非牧户占用草场又成为该旗草原破坏"人口因素"的一个主要原因，但从为数不多的非牧户所占有的草场面积之庞大可以判断，这些"在外地主"❶ 占用草原不是作为生产资料，而只是为投资获利。真正大的压力并非来自人口密度，而是来自这些人对资源的消费心理和对财富的需求欲望。不应该忽视的是这部分消费草原的群体对草原的消费心理与牧民消费心理之间的根本不同——对于前者来说这只是一块用来淘金的土地，对于牧民来说草原才是"家园"。如果说人类追求财富的心理都是相同的，那么不必为明天考虑的获利方式会让人对财富的需求更加疯狂，依赖当地资源并且将一直依赖下去的人，必定会比为短期投资获利的人更懂得珍惜资源，这是比文化的约束力更直白的生存需求引导的"自觉"。

庞大的政府机构是草原消费者中的一大部分。2005 年在全国范围内免征牧业税前，我国的牧业税收政策是以家畜头数为基本单位，即按家畜头数收税。税费降不下来的原因是，我国以牧业为主的旗县当地财政收入主要来源于牧业税，而政府机构的费用开支也要从牧民身上获取。足够的家畜是财政收入的保障，也是旗县政府工作人员的收入及各种行政支出的保障。以牲畜头数纳税的方式又使基层苏木政府失去其职能作用，变成了一个税务所，一年中几乎所有的工作都是围绕数羊、收税展开的。一头牲畜需交 5 元/年的牧业税，牲畜防疫费和牧业税平行，也是 5 元/年，也就是说养一只羊的政策成本为 10

---

❶ 这个词最早出现，是指在印度为英国等殖民国家代为收税的中间人。在鲍曼的著作中该词作为只顾盈利，无视社会责任的投资者的代称使用。见 [英] 齐格蒙特·鲍曼. 全球化——人类的后果 [M]. 周宪，等，译. 北京：商务印书馆，2001.

元/年，除此之外，各种巧立名目的乱收费也会给牧民带来额外的负担。草原开垦之所以政府开绿灯，也和政府机构庞大，需在这一过程中收取开垦费用有关。在取消了农业税之后，草原开矿成为政府取得财政收入的重要来源。近年来各地的矿藏探采、道路建设、旅游区开发以及产业化基地扩增等征占用草原现象呈急剧增长的趋势。大部分征占用草原的行为缺乏有效监督，给草原生态环境造成严重破坏。据内蒙古草原监督管理所的统计，近年来内蒙古自治区被征占用草原达 64884.3 公顷，主要用于公路建设、开矿、风电和城镇建设等。2005 年以前征占用草原 51707 公顷，全部未经草原行政主管部门审核；2005 年征占用草原 13177.3 公顷，只有 6294.1 公顷经草原行政主管部门审核，但是均未缴纳草原植被恢复费。全区共有开矿、采石、采沙、采土等矿点 773 个，占地面积 22639.87 公顷；开办旅游景点 115 处，占用草原面积 18138.13 公顷。2005 年全区共有草原临时作业处 129 处，占用草原面积为 7779.2 公顷。为了发展地方经济，一些地区盲目引进了一些污染严重、破坏环境的工业项目。一些地方领导出面招商，甚至直接出面订合同、收租金，不经过当地嘎查和牧民的同意扩占牧民承包的草场，把不少草原变成了采矿场、造纸厂，已开工的厂矿排出的毒废水、废渣污染了大面积草原和潜水层。上述征占用草原的情况反映出我国草原所有权的主体虚置和草原使用权的所有权缺失。与此同时，政府机构仍在日益膨胀。1991 年该旗财政供养人数为 3736 人，"八五"和"九五"期间最高达 4718 人，而 2008 年已增加到 5388 人。这个数字还不包括同样由财政供养，但未占正式人员编制的聘用人员，为了缓解就业压力和补充人力资源，近几年来这个数字也在呈上升趋势。

　　1982—1985 年，该旗农业系统能值投入主要是可更新的资源能值，占能值总投入的 90% 以上，其次是不可更新资源和有机能，工业辅助能占总能值投入不到 1%。在总能值投入中，无偿环境投入能值占总能值的 95% 以上。进入 20 世纪 90 年代后，工业辅助能与有机能的投入不断增加，无偿环境能值所占比例开始下降，2002 年，工业辅助能与有机能在总能值中所占比例分别达到 3.30% 和 5.58%，可更新资源能值为 86.98%，这一比率与新疆 1999 年的值接近，显著高于海南省的 30% 和广东省的 14%，也高于农牧交错带的陕西省安塞县的 29%。这说明环境资源对该旗的贡献大，一方面反映了牧区草地面积大、可再生自然资源丰富的特点，另一方面也要求在发展放牧畜牧业过程中，应加大对草地生态系统的投入，减少对草地生态系统的压力。

从能值构成变化来看，1982 年种植业能值、畜牧业能值及饲草能值分别占总能值的 21.6%、71.9% 和 6.50%。2002 年总能值构成中种植业、畜牧业和饲草分别占 58.30%、40.78% 和 0.92%，种植业比例明显增加。❶ 从播种面积看，种植业播种面积从 1995 年后明显增加，2005 年播种面积为 8.791 万公顷，是 1987 年的 3.44 倍，这也证明了从 1995 年后该旗种植业系统能值产出显著增加的原因。

工矿业作为草原生态环境中的新兴事物加入草原资源消费者行列中，随着近年来政府部门对工业建设的重视和经济效益的追求，一跃成为最大的草原资源消费者。以呼伦贝尔市一处工业园区为例，其占地面积为 45000 亩，仅煤化工一项，某企业 2010 年投产的生产线有 40 万吨甲醇和 10 万吨二甲醚。煤化工是高耗水项目，上规模的煤化工项目耗水量在每小时 2000~3000 吨，❷ 生产 1 吨甲醇需要耗水 2 吨，生产 1 吨二甲醚需要耗水 3 吨。❸ 该旗地表水储量为 2.0363 亿立方米，地下水储量为 3.5368 亿立方米，平均可利用水资源量为 2.3102 亿立方米。基于《全国水资源统一规划技术大纲》的"干旱草原水资源利用问题研究"项目所得出的汇总，内蒙古东部地表水资源可利用量占内蒙古东部地表水资源量 49%，地下水为 55.4%。❹ 以此比例推算可大致得出陈

---

❶ 曾昭海，胡跃高，等. 呼伦贝尔区域生态系统发展态势能值分析——以陈巴尔虎旗为例 [J]. 农业现代化研究，2006 (1).

❷ 引自百度搜索：www.baidu.com。

❸ 引自银川招商博客：http://yinchuanbusiness.bokee.com。

❹ 该项目所划定的布局中，东部区包括呼伦贝尔市、通辽市、兴安盟和赤峰市的绝大部分牧区，涉及额尔古纳河、嫩江、辽河三大流域。地表水、地下水资源相对丰富，水土资源条件较好。上文中提到的锡林郭勒属于中部区，地表水可利用量占地表水资源量的 32%，地表水可利用资源量为东部区的十分之一。属于西部区的阿拉善盟全境，其地表水可利用为 0。郭中小，等. 干旱草原水资源利用问题研究 [M]. 北京：中国水利水电出版社，2012.

巴尔虎旗地表水可利用量为 11984 万立方米，依此计，仅上述一家企业的年耗水量就占该旗可利用地表水量的 1% 左右。进驻该市工业园区的其他生产项目包括露天煤矿、风电、输变电等，高耗水工业企业占相当大的比例。从占用面积来说，上述工业园区仅占全旗可利用草场的 0.22%，按这个比例计，同等面积土地的平均可利用水资源量（含地表水和地下水）为 50.82 万立方米；从对水资源的消耗来说，仅上述一家企业的耗水量已经远远超出整个工业园区同等面积土地的平均可利用水资源量，可见"点上开发，面上保护"是个很难实现的愿望。同类高耗能企业进军内蒙古草原地区的不在少数，锡林郭勒盟 2008 年开工建设的二甲醚生产线一期生产能力为 15 万吨，年用煤 87.7 万吨、年耗水 378 万立方米。无疑，工矿业是目前内蒙古草原地区最大的资源消费者，相比其占用草原的面积，工矿业对水资源的消耗量是草原生态环境最大的威胁，也将会是今后决定这些企业存亡的关键要素。

图 1-4　草原上的新兴重化工业（摄影 乌尼尔）

20 世纪 90 年代后国家政策鼓励全国范围内大力发展工业，衡量一个地区经济状态的标准是 GDP，而若想迅速增长 GDP，最快的途径就是工业开发。东北老工业基地目前的低迷刺激了草原工业，内地部分污染严重的化工厂被当地驱逐出来后也转移到了内蒙古地区。建一个工厂，少则几百人，多则几千上万人进驻草原。而人的进入尚在其次，在降水量低、水循环缓慢的草原地区造

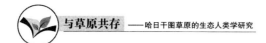

成工业污染的后果将是不可估量的。近年来内蒙古牧区工业污染损害牧民权益的案子越来越多，其中有些案子中央媒体也报道过，❶ 但工业带来的短期效益让当地领导对污染企业的招商引资仍然趋之若鹜。正如一位有识之士说的那样，过几年以后这些厂子会因为缺水而倒闭，草原也会因为污染而死去。如果说开垦打伤了草原，那工业污染是一拳头下来把草原打死了。

❶ 中央电视台"今日说法"栏目，http：//www.cctv.com；人民网，"合作共赢"·第三届 SEE·TNC 生态奖颁奖，http：//env.people.com.cn。

第二章

哈日干图草原原住牧民传统游牧文化

世界和自然的法则不是竞争，不是适者生存，而是互助、节俭和艺术性。作为人类，我们的伟大之处，与其说是我们能够改造世界，还不如说是我们能够改造自我。

——甘地

在人类的发展旅程中，世界各地的人们依据其自然环境条件、资源储备情况而选择与环境相适应的经济发展模式，探索经营方法，创造出了各种灿烂的文明，其中之一是沉淀于游牧民生产生活中的游牧畜牧业。哈日干图原住牧民的游牧文化是蒙古族传统游牧文化中的一部分，有其典型特征，又有对当地生态环境条件的独特适应。因此介绍哈日干图原住牧民的文化，有必要先就蒙古族传统游牧文化作以下介绍。

蒙古高原作为世界游牧文化的典型地区，吸引了世界各地研究者的目光，蒙古民族的文化和经济经历了外界对其长时间以来的褒贬不一。关于蒙古族传统游牧畜牧业，众多研究者从民俗、游牧的生态适应性、牧民的生活习惯入手来研究。关于游牧文化的生态哲学、对环境的温和性等的研究有诸多文章发表，硕果累累。● 但这种研究切入点或突出了草原环境的脆弱性，或突出了游牧行为的生态适应性，加之学科之间的隔阂，导致蒙古族游牧民的生活、生产大体上分为民俗学、畜牧科学和生态学三部分被分别研究，总体上互不搭界。这容易给人留下"游牧"只是屈从于多变、艰苦的环境，而人为努力不足的印象，符合改造环境、以强干扰来征服自然为主旨和奋斗理想的其他文化对"游牧落后论"的评价标准。对于游牧民对环境资源的管理行为和理念认识不足，对其作为环境资源管理知识的高度未予以正确评价，是认为牧民不懂"科学管理"● 的认识根源，这种学术研究的片面性或许正是政府领导对游牧有着"人—畜—草分离"印象的来源。● 由于过分突出游牧生活的艰苦，基于改善牧民生活条件为目的的定居、草畜双承包等举措被认为是加强畜牧业管理的良方，甚至在一定程度上造成蒙古族畜牧业自此才有了"科学管理"的误解。从整体上来看，国内外对世界原住民以游牧为主要形式的畜牧业传统评价较低，并致力于加强定居，高劳动力投入，将此视为生产方式进步的标准。

游牧畜牧业作为一种生产方式，由游牧民、牲畜、草场三元素所组成。牧民生产技术的发展、畜群的构成过程、利用草原生态资源的能力及牲畜饲养、工具的变化等是对其生产力发展的具体研究内容。草原是游牧民族及游牧经济赖以生存和发展的自然环境，是土地资源中的一个主要组成部分。游牧民的生产劳动和土地的关系通过牧人与牲畜的关系以及牲畜与土地的关系两个环节来实现，这与农耕经济有很大不同，因此游牧经济赖以生存的自然环境——草原很容易为更多熟悉农耕经济的人所忽视，甚至认为游牧社会中不存在土地财产所有制。因为土地是以自然状态被利用，因而游牧民族的土地不算是生产资料

● 葛根高娃. 生态伦理学理论视野中的蒙古族生态文化 [J]. 内蒙古大学学报（人文社会科学版），2002（4）.
● 胡涛等. 沙尘暴产生的环境管理体制根源分析及对策研究 [J]. 环境科学研究，2006（19）增刊.
● 布赫. 布赫同志在全区牧区工作会议上的讲话（1985年8月8日）[R] //内蒙古党委政策研究室. 内蒙古畜牧业文献资料选编第二卷（下），内蒙古自治区农业委员会编印内部资料，547-561.

的看法一直持续到 20 世纪 50 年代。例如，列文斯基认为："游牧社会由于地广人稀，对相邻的任何人，只要不妨碍他们像任意呼吸空气那样任意利用土地，均可使用想用的土地，所以土地未被财产化。""将土地当作财产所有不是到处存在的，在纯属游牧民间根本不存在。"❶ 拉铁摩尔认为对游牧民族来说土地不是生产资料，只有与定居民族产生联系的时候才会有意义。林干也曾认为："游牧氏族的主要生产工具和生产资料是他们的牲畜。"王卫国认为："土地只有在被耕种时才会产生所有权和使用权。"高文德在其代表性著作中也提到："游牧民的主要生产工具和生产资料是牲畜，而非土地。"❷ 长期以来，以上看法形成了广泛的影响，在西方学术界也曾居主流地位。其实远在成吉思汗之前，北方游牧民族之间和北方游牧民族与漠南农耕民族之间的关系始终是围绕土地占有权而演变的。匈奴的冒顿单于即位后，正是东胡强盛时期，东胡听说冒顿杀父登位，便派使者对冒顿说，想要头曼的千里马。冒顿征求大臣们的意见，大臣们表示，千里马是匈奴的名马，不应给东胡。冒顿说："奈何与人邻国而爱一马乎？"❸ 于是把头曼的千里马送给东胡。东胡认为冒顿惧怕他们，不久又提出想得到单于的一个阏氏。冒顿又问群臣，左右大臣都愤怒地说："东胡无理，竟然索要阏氏，请您派兵攻打他们。"冒顿说："奈何与人邻国爱一女子乎？"❹ 于是便把一位自己宠爱的阏氏送给了东胡。东胡得到单于阏氏后愈发骄横起来，欲向西侵略。东胡和匈奴之间有一千多里的荒芜地区，无人居住，双方各自在自己的边界地区建立了哨卡。东胡派使者对冒顿说："两国之间的缓冲空地，我们想占有它。"冒顿询问大臣们的意见，大臣们认为这是荒弃之地，给或不给都可。冒顿大怒，说："地者，国之本也，奈何予之！"❺ 便把主张给东胡土地的大臣都杀了。后冒顿引兵消灭了东胡王。历史上，在游牧民族与农耕民族的交锋中，焚烧草场是对游牧民族最具威胁性

---

❶ ［日］贵岛克己. 财产起源论［M］. 日本改造社出版，1931：23.
❷ 高文德. 中国历史上游牧经济的共性和特性［J］. 中国经济史研究，1996（4）.
❸ 《史记·匈奴列传》。
❹ 《史记·匈奴列传》。
❺ 《史记·匈奴列传》。

的手段。例如，北魏崔浩曾欲焚野以敌柔然❶，东魏周文烧草❷也是为"饥其马匹挫对方锐气"；北魏战柔然，先占其水源，待牲畜干渴觅水而来时一举大败对手。水草于游牧民无异于咽喉，如此重要的资源又怎能排除以生产资料之外呢？游牧民对土地的利用并非外界所认为的那样不付出劳动，只是平均面积所付出的劳动要少于耕地，游牧民的迁移行为就是为在最适宜的时机最大限度地发挥土地的作用，在保护草场、保障畜群和保护人的利益之间寻找最佳平衡而付诸的劳动。

第一节　哈日干图草原传统游牧
文化对空间异质性的应对

哈日干图草原，和大多数人对草原"一马平川""平野千里"的想象有很大不同，而是由高山、丘陵、缓坡、草原、沙地以及河流、湖泊等多种地质地貌的组合构成的，具有高度异质性的生态空间。草原生态环境中的能量不能直接为人类所利用，游牧民将通过牲畜来收集、固定和储藏，游牧生计是游牧民的生活智慧和生态智慧的精细集成。

当地原住牧民在冬、春、夏、秋四季转场放牧，在不同的季节移居不同的牧场，以此来充分利用生态空间内不同的资源环境，将每一种地质地貌对畜牧业的作用都充分发挥出来，不浪费资源，同时也不超负荷放牧，以此保证不同草场能被持续利用。游牧民用其理性调控，将自然生态和牲畜生理条件综合考虑，进行生产利用。包含适宜的四季牧场的地理边界内土地，在畜牧业地理学中称为"游牧生态—生理最适草场"。❸ 在游牧生态—生理最适草场边界内，四季牧场不同的自然条件总体上呈现出，一处最适于畜牧业活动时另三处处于

---

❶ 《魏书·崔浩传》。
❷ 《北史·列传》。
❸ ［蒙古］达·巴扎尔古尔. 草原畜牧业地理［M］. 呼和浩特：内蒙古出版社，2008.

不适生态条件的状态。例如，夏季牧场要求草原开阔、紧靠水源、蚊虫少、气候凉爽；而冬春两季牧场则需安排在丘陵、沙地，背风温暖的地方；秋季牧场则为控制牲畜饮水量而离水源距离较远，草场的植物种类也与其他三个季节的牧场有很大不同。在同一个生态——生理最适草场界内，四季牧场的如此安排和循环，让每一处草场都能有充足的休养生息时间，互为补充。四季牧场以山脉脊线、山峰、河流、河道、大的湖泊等自然地貌或水井、道路、水渠等人工设施来分界。牧民在心中画出的是一个大比例尺的地图，他们对地表的植物、水源、地形以及其他可见景观的比例、距离等进行"心算"，将此用于畜牧业日常生计中。牧民在不同的空间内通过迁移来为牲畜选择一个最为舒适合宜的环境条件，而这个"最适宜"同样也要考虑人和生态环境的适宜性，是个综合选择的结果。

在游牧四季牧场中，冬季和春季牧场，牧民和牲畜停留的时间最长，在那里抵御一年当中最为严酷的一段时间，因此冬春两季牧场被称为"祖地"（蒙古语为 golomd nutug 或 suuri nutug）。因为冬季有积雪，所以冬季牧场对水源没有要求。而且蒙古族牧民认为冬季地下水温很低，如果直接用水饮牲畜，它们会因为一次性喝凉水太多，体温会在短时间内大幅下降而掉膘；吃雪则是一口一口地吃，不会让牲畜的体温有太大的变化从而避免体能消耗。冬季牧场通常安排在低山、丘陵地带，在这种地势地貌环境中可采食植物比草原更高且密集，丘陵地带背风、温暖，也是冬季牧场必需的条件之一，丘陵或山麓的小气候，温度可比当地平均温度高出 2~4℃，而风速则视具体地形情况可比平原地形小 20%~40%，在冬季的严寒里，更低的风速可以大大降低牲畜的抗寒风险。在所有的季节，牧民对相应生态和地形条件下的小气候的把握和判断是游牧畜牧业活动中非常重要的技术和知识，对应于四季气候尤其是恶劣天气至关重要。牧民根据地理界限，如山麓形状、坡度、朝向、高度等来判断风向、阳光照射度、风力等畜牧业影响条件，预测小气候，以调解畜群的驻地和放牧范围。低山丘陵地带或山麓，冬季降雪量会由风的作用而进行再分配，什么样的风向下何处会有较深的积雪，何处的雪会被风吹走而不聚积；春冬两季如何利用地形为牲畜找寻背风地；夏季如何利用风向降暑等都是牧民日常生产生活中必须知晓的。哈日干图的冬营地丘陵地带里，因为气流的相互作用，有些沙窝子会积聚很深的积雪而有些则完全相反，这种气流作用颇似著名景点月亮湖形成之奥秘，若非经验丰富的牧民，冬季将羊群赶入积雪过深的沙窝放牧，很可能会发生小型雪崩，将羊掩埋。

春季牧场的主要用途是用于接羔和哺育幼畜，畜群产崽期结束后马上会搬出春营地，在春营地的停留时间比较短，通常在 35～40 天，一般不会超过 45 天，为保证崽畜的成活，产崽期间不宜迁移，因此对产崽期的控制非常重要。在春季牧场期间，产崽母畜和其他牲畜要分群放牧。产崽母畜群选择离水源近，有背风地的草场驻扎，产崽期内母畜群的营地不迁移，但要按草场资源量和当日的风向调整放牧方向和半径。春季接羔时需要为母畜准备临时棚圈，因此春营地需选择柳条、芦苇等资源丰富的地方，一则建棚圈取材方便，二则这些地方温暖背风，有柳条和芦苇的地方也必然与河流、湖泊等水源近。接羔期要精确安排在河流、湖泊开化的季节，产崽期开始前不能过早进入春营地，否则对春营地附近草场的消耗大会导致产崽期内资源量不足，通常在产崽期开始的前两天才会进入春营地的接羔点。怀孕母畜日行半径不宜过大，靠近水源驻扎母畜群便于饮水。与山地牧区相比，草原牧区在春季气温上升较早，但风力和大风天气的频率会同步上升，春季劲风天气在 30～40 天，这不仅不利于畜牧业生产，同时会延缓植物发芽返青，因此春营地要选择风速低、风力小、早春植物多的地方。

在夏、秋季牧场的时间，是牲畜赶水膘和油膘的重要时期，这个时期是畜群平安度过漫长的冬季接到下一年青草的奠基时刻。与冬季牧场对资源量高密集度的要求和对水源不做特殊要求有所不同，夏季牧场首先要求水源的充足和便利，同时夏秋两季牧场对草场的承载力和抗践踏能力要求比较高。夏季牧场还需要满足蚊虫少、通风、地势开阔、气温较低等要求，这也是蒙古族游牧区普遍的特征——夏季牧场多安排在沿河流的草原或大水域湖泊，纬度总体上要比冬、春季牧场高（山区牧场除外，因为山地立体气候作用，情况有很大不同）。在田野点所在旗境内，满足以上对夏季牧场要求的地方中莫日格勒河—特尼河草原是最适宜的，因此这片草原在 20 世纪 80 年代之前一直是全旗大部分嘎查的牲畜共用的夏季牧场。

从 13 世纪的"库列延"（蒙古语为 huryee）到蒙古语为"阿寅勒"（ail），再到清朝时期的旗界，蒙古族游牧民的游牧范围在过去的 600 年间一直呈缩小的趋势，这被视为是游牧的"萎缩"，但游牧畜牧业的生产力并没有降低，也没有因游牧范围的萎缩而明显衰退。但在近几十年来，游牧民及游牧的生存面临着前所未有的挑战，牧区的贫富差距和草场退化比例都在急剧上升。笔者认为，之所以千年来蒙古族的游牧畜牧业历经大游牧时代到小游牧时代，仍然可以生命力旺盛，生态保持良好，是因为在此之前尽管游牧的绝对范围在不断缩小，但游牧畜牧业的最基本条件一直是被满足的，即"游牧生态—生理最适草场"的条件一直是满足的，而在 20 世纪 90 年代以后却遭遇或存或亡的选择，所以最起码的条件被完全破坏了。

游牧民的游牧界限取决于两种因素：一为自然界限，如河流、湖泊、山脉、沙漠、沼泽等，后文中将提到哈日干图牧民在 20 世纪 80 年代以后无法再去莫日格勒－特尼河夏季牧场的原因之一，就是因为海拉尔河作为自然之壑，桥梁却又不够通畅。游牧范围的另一限制因素为行政界限。几百年来游牧范围的萎缩事实上就是行政界限的萎缩。从跨国境大游牧到盟会界限，再到严格的旗界，直到如今的苏木界、嘎查界、户界，行政界限对游牧范围的限制是近代蒙古族游牧畜牧业受到的主要制约。1984 年牲畜承包开始，正式划分嘎查边界后，哈日干图苏木界内的草场已不能满足牲畜四季草场的游牧最低要求。苏木界内没有适宜的河流或大水域湖泊可作为夏季牧场，虽然宝日罕图嘎查和昂格尔图嘎查界内都有小水域湖泊，但一方面水域太小，另一方面湖泊周围为沙质草原，不能承受夏季长期大量牲畜的践踏和采食。20 世纪 80 年代后，宝日罕图嘎查以宝日罕图淖尔为夏营地引起的沙化加剧就是一个惨痛的教训。

第二节 哈日干图草原传统游牧
文化对时间异质性的应对

蒙古高原的牧区四季分明,冬季严寒、春季大风、夏季炎热、秋季则是最怡人的季节。游牧民计算一年是从初春开始的,畜牧业的新一年从牲畜吃到新发芽的嫩草为始,称为"接青"(蒙古语为 Nogoon d oroh)。牧区四季轮回明显,游牧民的畜牧业也是顺应此规律而循环复始。游牧四季的起始与终止时间和气温变化的明显界限有着高度的统一(表 2-1)。在游牧畜牧业中,如何调整冬季严寒、春季大风、夏季炎热时的放牧管理,是比草场本身更需精细安排计划的问题。在影响畜牧业的生态环境诸多自然因素中,日照、风向以及这两因素的复合影响是极为重要的。不同的风向、日照和不同的复合影响下牲畜的放牧范围、走向都需要作出相应的调整。在蒙古高原天然草原牧区,日照和西北风的作用有30°~40°的夹角,因此日照和风向的复合作用在每个山麓、丘陵等斜面地貌的作用都有明显的不对称性。

表 2-1 蒙古族游牧民四季放牧与结合畜群体能的时间安排

平均气温 (℃)	-10	+10	+10	-10	-10
	-5 0 +5 +15	+20 +15	+5 0 -5 -15	-20 -15	
四季牧场	春营地	夏营地	秋营地	冬营地	
牲畜膘情	牲畜保膘保 息期	赶"干 膘期"	赶"水 膘"期	赶"油膘"期 固定畜膘期	保护畜膘期
产仔期	绵羊产仔期				
	山羊产仔期				
		草原青草期			

资料来源:[蒙古]达·巴扎尔古尔. 草原畜牧业地理. (蒙古文)[M]. 呼和浩特:内蒙古人民出版社,2008.

如表 2-1 所示，将春季牧场期和秋季牧场期的气温中间值设为 0℃，以此为基点显示一年内不同季节的气温变化。从表 2-1 中可以看到，游牧四季的时间分段和牲畜的体能变化、产崽期、环境气温变化、草场返青至枯萎都有着很严密的结合。秋季种羊和母羊的膘情、营养状况会直接影响崽畜体能、接羔期的长短。种公羊除配种期外，整年都单群放牧，在哈日干图，正常年景中秋末 11 月 5 日开始种公羊和其他羊群混群，40~50 天后再分群，这样，羊群产崽期从 4 月 5 日开始，大概持续 40 天左右。基于对年景的预测，可以相应地提前或推后混群日期，但无论在什么情况下，对产崽期都必须有明确的预计和控制，这是保证春季接羔也是决定一年畜牧业生产收获的重要管理行为。产崽期的早晚对崽畜的成活率有极大的影响，产崽期的控制正是牧民在实践中结合当地生态、自然条件（气温、草场返青、水源解冻）总结出来的最佳时机。对产崽期的控制，在不同的自然条件区有很大的不同。在戈壁牧区 2 月 10~20 日便开始，这是因为 3、4、5 月戈壁地区风大，不利幼畜，所以要赶在此气候变化之前完成接羔。而在森林带要到 3 月 1~10 日之间开始，低山丘陵地带 3 月 20~30 日开始。在内蒙古所有牧区，旱灾、雪灾时，视气温条件，产崽期有 5~10 天的浮动变化。

图 2-1　另群放牧的公羊群（摄影　乌尼尔）

　　产崽期结束后转往夏季牧场之前的一段时间，产崽的母畜和幼畜仍然是牧民管理的重点。接羔结束后牧民要马上从接羔点搬出来，到未经牲畜采食的新牧场上。因为接羔期内一个多月时间里，接羔点周围的草场消耗比较大，如果不迅速转场的话刚刚产下幼崽的母畜体力无以补给，幼畜没有足够的母乳吃，也会影响其成活和成长。在哈日干图，产崽期结束在 5 月 10～5 月 15 日，此时正好是该地区新草发芽的时节，牧民将畜群带到返青早的植物种类多的草场上，尽早给经过一冬天后体能下降的畜群补给营养。在内蒙古草原的多数地区，小白蒿是返青最早的牧草之一。牲畜在春季小白蒿刚发芽时喜食嫩芽，但到了夏季，草原上牧草丰富起来后便不再啃食。初春季节采食新长出的草，对母畜下奶非常重要，是春季接羔工作的重点环节。6 月 15 日，是传统习惯中向夏季牧场转场的日子，在此之前，当年雄性幼畜需要提前去势，伤口恢复后即到转场的时候了。骟马的时节则要比牛羊早很多，按当地习俗一般在正月初六，亦可另选日子，但一定要在雪化之前。公马到 3 岁时，过了春节就要选择留下的种公马，其他公马则要去势。对雄性牲畜的去势是游牧畜群管理中的一个重要内容。

图 2 - 2　骟马（摄影 乌尼尔）

6 月 15 日，牲畜转往夏季牧场，这是夏季转场的"上行"（蒙古语为 zus-lan ugsuha, zuslan garah）环节。此时草原已经全部返青，新长出来的草大概已经有 5 ~ 7cm 高。哈日干图的畜群转场到特尼河夏季牧场，路途中需要 20 ~ 30 天。在夏季牧场的时间是一年当中最炎热的时期，夏季牧场丰富的水源和开阔的空间可以有效地降低温度。牧区的夏季大约持续 3 个月，气温高于春、秋基点（表 2 - 1 中的 0 点）高 +30 个单位的日子为 20 ~ 30 天，高 +15 个单位的日子有 70 ~ 80 天。因为在草原地带没有山地林区通过调整海拔，利用立体气候来降暑的条件，因此在可能的地理条件内改变纬度来达到寻找气温相对低的牧场是这个地区唯一的选择，这种气温调整幅度可达 3 ~ 10 个单位。在夏季牧场，降暑的"任务"主要由风来完成。游牧民在通过选择合适的夏季牧场来寻找低温草场的同时，在夏季牧场还会利用早晚的温差，通过延长下午至天黑前的放牧时间来改善牲畜的采食质量。9 月中旬以后气温会开始降到高于基点 +10 个单位的水平，并维持到 11 月，约为 60 ~ 70 天。

9 月 1 日以后游牧民逐渐迁出夏季牧场，开始返回冬营地。这个过程被称为夏季牧场的"下行"（蒙古语为 zuslan uruudah）。将夏季牧场一去一回的过程称为上行和下行，表现出这"去"和"回"也是放牧的过程，而不是点对点的"运输"。在这个过程中牧民会在保持方向的同时选择最适宜的草场让牲畜一路得到最好的照顾，而不仅仅是赶路。在夏季牧场回程即下行开始时，牧民将产崽的母畜和已经长大的幼畜分群放牧，一来可以避免长大了的幼畜对母畜的体力消耗，另一方面也便于单独照顾幼畜。下行所需的时间比上行时要更长，因为在水草丰美的夏季牧场经过 3 个月后牲畜的膘情会有明显的提高，但此时牲畜的体力还没有稳定下来，所以牧民称此阶段为赶"水膘"期。上了"水膘"的牲畜，要通过在秋季牧场赶"油膘"的过程固定体力。所谓的赶"油膘"，是指牧民将牲畜赶往葱属植物等多汁牧草比较多的草场，连续 7 ~ 10 天不给羊群饮水，这个过程牲畜啃食葱属植物有驱虫作用，可以更好地巩固牲畜的膘情。因此，秋季牧场必须要离水源有一定距离。羊群在 10 月末到达冬营地，放牧大畜群的牧民则还要寻找长有枯萎期较晚牧草（蒙古语为 sul

hooh) 时地区放牧，一直到 11 月中旬，下第一场雪前后才返回冬营地。

综观哈日干图草原对一个畜牧业年度内的生产安排，水源解冻、牲畜产崽、草场返青、幼畜成长、草场全面恢复茂盛、特殊种类牧草最盛期，以及这一过程中的气温变化，牧民通过长期对所居自然生态环境的观察和研究，精心选择了一个个最佳时机来调整畜牧业的各个步骤，对各时期的时间计算精确到天数。"游牧"不止是一种生活方式，而是一种需要专业知识的职业。

总之，哈日干图草原上自然生态条件呈现鲜明的立体性，一年之内不同季节的降水量和年际间平均降水量、气温高低、草场资源量都有极大的不同，是个典型的资源异质型生态环境。游牧民通过以"迁移"为核心的各种管理努力，来调解生态环境条件对畜牧业的影响，降低和回避不利条件，尽可能地提高有利条件的利用效率。外界对草原生态环境理解的平面化，忽视了草原生态环境的立体性，正是因为这种"平面化"，平衡理论和基于平衡理论的草场制度才能大行其道。迁移，是游牧民作为管理者，调解生态资源条件和牲畜之间有机关系的一种管理行为，这是对空间异质性和时间异质性很强的生态资源环境的高度把握和有效适应。

第三节　游牧生产的基本形式——联合

"游牧"这个词，常常在人们的脑海中展现这样一种景象：一个几口人的牧民之家在茫茫的草原或戈壁中赶着一群牛羊，嘴里哼唱着悠扬的牧歌，孤独而无助。事实上，牧人从来就不是单独闯荡的，游牧生产的最基本形式是牧户间的联合，"移动"和"联合"是游牧畜牧业能够在极其残酷的自然环境中顽强存在数千年的奥秘所在，游牧畜牧文化的两个核心适应方式。

在家庭的基础上，大多数游牧人之间存在着多种多样形态的联牧，形成次级的小联合群体。有的四季都联合，有的只在一定季节里联合。更为关键的是，联合是基于各种互补关系，有的是经济互补，有的是社会生活互补，有的也与权力发生关系，但最基本的联合关系还是植根于畜群联合和牧业生态系统。各游牧家庭的人口、财产不一致，单独一个家庭的劳动力往往与其牲畜规模不一致，劳动力不足时家庭需要他人帮助。畜群也要在一定的规模时才能节省劳动力，这就产生了联牧的必要。因为自古以来，蒙古人形成了在自己的牲畜身上作标记的习惯，每家的标记都有所不同，各家的牛马等，都打有自家的烙印，所以牲畜虽放养在一起，但可以避免造成混乱或识别不清。

图 2-3　打马印 1（摄影 乌尼尔）

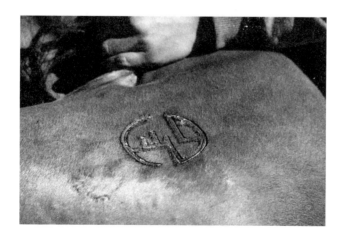

图 2-4　打马印 2（摄影 乌尼尔）

从蒙古游牧民的古代劳动组织形式来看，有血亲间合作、亲属间合作、邻里间合作、跨地区合作以及以富带贫式合作等形式。无论是哪种合作方式，合作团队的游牧方向、迁徙时间、扎营地点、停留时间等均以团队中人口、牲畜组成及头数、草场状况以及水源条件等能相互匹配，需求被满足作为根本原则和依据。

从合作团体的经济水平来说，均以富户和贫困户相联合或中等户之间相互联合，而不会富户和富户或贫困户和贫困户相互联合。这是因为富户相联合会导致一定区域内牲畜过多，对草场不利。而贫困户本身缺乏劳动资料、劳动力，可能还有管理能力不足的问题，因此贫困户间的联合也无法支撑彼此的生活。富贫组合的游牧集团（Hot）的领袖人物并不单因年纪而产生，往往因畜群的大小而决定，这种人叫阿赫。在这种组合中的贫困户更多的是牲畜数极少或赤贫的牧民，他们在生活资料的来源上基本完全依赖组合中的富户，但贫困户为这些富人放牧并不单纯地依赖其畜群所提供的奶和其他食物，还需要富户提供牲畜和车以供移动之用。这种组合形成一种非志愿、非正式化的保护人关系（Patron–client relations），这也是消化游牧社会中获利能力不足（包括身体状况或智力状况以及经营能力等各方面）的人群的重要社会组织形式。1950年的调查发现，呼伦贝尔的许多贫困牧民因自己的牲畜少，不能合群，就将自己的少量牲畜放到以嘎查为单位组织的大的合群畜群中，以此节省劳动力。从资料还可以了解到，牧区的生产中合作是非常必要的，因为太需要劳动力了。针对各户畜群状况，有必要组织 3 ~ 5 户为一个小集团单位，因为牧业生产的特点，春季和夏季劳动力不足，如果只靠每家每户的劳动力，这时期劳动力缺口将达 50%。❶

邻里间的合作也是近现代游牧社会中常见的合作形式，这一形式主要出现在中等经济水平的牧户之间。性格志趣相投的两三户人家就近扎营，共同放牧。他们会把所有的牲畜按大小畜分群，分工管理，这可以节约很多劳动力。

---

❶ 兴亚院政务部. 蒙疆牧业状况调查［R］. 昭和十六年（1941 年）11 月.

出于满足不同的生产生活需要和降低突发灾害的风险，游牧民往往会选择多个畜种，蒙古族的传统"五畜"就是游牧民在适应草原生态和自然条件的漫长过程中反复筛选、精心权衡后的选择。复合畜种（牲畜饲养种类多样化）让游牧社会具有强大的生产力、转化力和扩展力。中等经济水平的牧户某一个畜种的拥有量不会太多，如果一户人家要单独经营，不同的畜种需要不同人去放牧和管理，这会大大增加劳动力的需求量。牧户间的合作则可以轻松解决这一问题。

牧民需要合作或联合，除了劳动力整合的需求，还有一个重要的原因是能力整合的需求。这里所说的能力，包括管理、智力、技术以及把握文化的能力。后文中将谈到的牧民单户生产所遇困难，首先是劳动力的严重不足，雇用工人大大增加了牧民的经济支出。除此之外，管理能力和技术的压力也是牧民遇到的主要困难之一。单户经营的牧民必须具备多方面的能力。不止是畜牧业生产技术和知识，同时还要有对市场的应对、联络、预测能力，对全套牧业机械的操作、修理、财务管理能力等，生产方式的变迁要求牧民成为一个面面俱到的人才，显然，能够真正做得到这些的人太少了。技术能力缺乏的问题尚可以通过互相帮忙或求助修理部（这又是一项经济支出）来解决，但单户经营的牧民谁也不会对其他家庭的管理去指手画脚，这种局面使得一部分牧户的生产管理出现问题。牛羊卖便宜了、对年景和气候预测失误了、草牧场流转价格不合理了，所有因此而导致的损失都只能由每个家庭自己承担。牧民在竞争条件下独自面对生产和市场时面临着各种约束，这不仅是因为生产起始和进入市场需要必要的物质投资，更在于牧民在此过程中产生的交易成本和管理成本。

游牧民合作行为的功能不仅限于节约劳动力和集中劳动力等机械式效果，更重要的是通过牧户间的合作来培养和塑造共同的趋社会情感。❶ 一个"浩特"里的几户人家，其三四代人形成长期稳定的邻里感情和合作关系。从日常生产生活到重要的节庆礼仪、婚丧嫁娶，在频繁交流情感和思想的过程中培

---

❶ ［美］萨缪·鲍尔斯，［美］赫伯特·金迪斯. 人类的趋社会性及其研究——一个超越经济学的经济分析［M］. 汪丁丁，叶航，罗卫东，译. 上海：上海人民出版社，2005.

养出共同的价值观、行为规则和标准,分享喜怒哀乐,子女后代接受几家长辈的共同教育,几家的孩子共同成长。牧民间的合作还有利于传播生产技术、管理方法和生活智慧,所有的事情几乎都要通过共同商议讨论来解决。这些对于游牧民共同的社会情感培养、营造和谐的社区关系无疑都有着积极深远的影响。

近代,同一区域内的同族人的互助合作之心仍很浓厚,寡妇孤儿,仍由同族人予以照顾。在呼伦贝尔草原,贫苦牧民常从较富的牧民那里取得馈赠的肉食和奶食。这种联合增强了社会认同感,满足了生活中交往、交谈的需要。在巴尔虎人那里,当一个巴尔虎人在野外乘车或骑马遇见畜群时,要先观察风向,然后从下风外通过,绝无从畜群中穿过之理。如有人正在打水饮畜,应主动帮忙。毗邻的几个牧户搬迁时,先行的牧户必须帮助人手不足的牧户卸包立包、拉马套车。❶

与内地农业区的邻居或村落的概念不同,合群放牧的阿依勒或浩特的组员之间的距离相对更远,蒙古包之间的距离近则几十米,远则一二千米。但由于防止受到狼群攻击等安全因素的考虑和生活上的方便起见,又不会隔得更远。

蒙古包的联合受草原生态环境的限制。草地的质量、面积和水资源的分布是决定联合规模大小的重要条件。一片地域能容纳多少蒙古包、多少牲畜,都是由草原生态决定的。地形和草地的质量决定着一个地区能否形成大群体——"村落"。这种村落是蒙古包在更大规模上的群集,这种群集不一定都是社会的或经济的,一般是某个地区由于一定阶段放牧的群体集合而形成的。这种大群体在元代以前,以"古列延"形式存在。古列延是蒙古人以作战为主要目的而形成的大群体。几百个游牧民常在一起移营。那时草原上的游牧民处于经常的战争状态,单独的牧民几乎不能生存,但放牧时仍采用相对分散的阿依勒形式。

在呼伦贝尔,同一佐领大体在同一游牧圈内放牧,有的可能形成类似村落

---

❶ 李·蒙赫达赉. 巴尔虎蒙古史 [M]. 呼和浩特:内蒙古人民出版社,2004.

形态的群体，一部分可能分散，并无严格的限制。牧户在同一营地时，密度大时看起来就像村落，连绵几千米。这种集群首先受生态的限制，草原的承载量大，才能允许多个蒙古包集中。风俗对牧民的影响也很大，夏季祭敖包时，同一牧地可以聚集200~300个蒙古家庭。但由于草原的限制，蒙古包必须随后散去。此外，呼伦贝尔的游牧群落还有更大的村落形式。在海拉尔河一带，当时的调查人员发现250个蒙古包和800人的聚集群，当时他们是以旗长为首的。在另一处有一个80个蒙古包、300人的聚集群，是以副旗长为首的。❶ 从夏季的牧户分布来看，蒙古包很少有单独扎营的，一般为2~4个，有的多至10个左右，有的地方还与土房子联在一起。在一般的丘陵和低地地区，六七月份一般有2~4个蒙古包临时扎营，但在其他生态条件较好的地方蒙古包的聚集数量相对较多。在漠北，一般是2~5个蒙古家庭的联合，6~7个家庭便是比较大规模的了。这种联合也随着季节而变化。夏季蒙古包数量可能稍多，距离也可以稍近，冬季则相对分散地居住。❷

清末后的蒙古地区，往往是没有血缘关系的以"阿依勒"形式结成的村落，同姓集团几乎消失。学术界认为是清政府破坏了内蒙古的家族制度，旗制取代了氏族制度。拉铁摩尔持这种观点，他认为经过一个个世纪的对氏族的拆散、重组，蒙古族的氏族姓已经不重要了。确认某人是以他所属的旗为依据的，而不再像以前那样以其出自某个氏族为确认依据。以后人员流动，旗制下的牧民只有服兵役的义务和纳税的义务。在部分地区，生活在某个旗的蒙古人，其纳税义务和服兵役的义务却可能在另一个旗。

20世纪50年代，小群体形式在互助合作运动中被进一步推广。政府在许多地区提倡两种互助组，一为季节性互助组，在防灾、接羔、打草、剪毛、打井、打狼、走"敖特尔"和各项手工业中互助合作。生产繁忙季节，相互之

---

❶ ［日］外崎清次. 东支铁道西部线（トリー　チスプスク）调查报告（昭和八年1933年12月）［R］//满洲一般经济调查报告（第四编，第一卷，续四，昭和十年）1935.

❷ Ole Bruun. The Herding Household: Economy and Organization. In Ole Bruun and Ole Odgaard (ed). Mongolia in Transition, Curzon Press Ltd. 1996.

间进行各种生产协作，如以工顶工、换工和轮流出工。另一种是常年互助组，常年固定地"合群放牧"，但合作中最终的收益仍体现一定的按劳分配的规则。集体化以后，牲畜都归集体，但这种组织形式并没有消失。❶ 事实上，牧民互助合作，是游牧社会的传统生产方式，并非新生事物。"互助组蒙古语称呼尔其独贵龙（horshyo duguilan），在牧业生产的整个过程中，牧民间互助合作的原始形式早已存在。在牧区这种换工形式比较普遍，只不过不把它称为互助组而已。后来领导上把这些实践经验总结起来取名叫互助组。"❷ 应该说明的是，常年互助组和后来的合作社，是特殊时期在政府主导和组织下产生的合作形式。在呼伦贝尔牧区，除极少数的互助组是在 1950 年、1951 年建立外，到 1954 年，牧业四旗才有 11 个常年互助组，到 1955 年才普及 74 个。常年互助组除了试点的和基础比较好的组转为初级合作社外，也有一些常年互助组经过了整顿或解散和再建、新建的过程。1955 年 12 月，呼伦贝尔盟委召开牧业四旗干部会议，学习了毛泽东《关于农业合作化问题》的报告和中共七届六中全会决议，制定发展牧业合作社的政策和以后的生产规划。1956—1957 年，各级政府以会议、文件的形式连续要求发展互助合作社，中共内蒙古党委还下发了《关于合作社问题的指示》以及其他整顿合作社的相关文件。到 1957 年 12 月，呼伦贝尔盟新巴尔虎右旗也只有 24 个合作社，其中按合作程度和效果分类，一类合作社 14 个，二类合作社 6 个，三类合作社 4 个。1958 年秋冬以后，在全国农村公社化运动形势的推动下，呼伦贝尔盟牧区虽然实际上还处于初级社时期，也有相当一部分是常年互助组和临时互助组还未来得及建社，但在当时的形势下，牧业四旗不顾牧区生产力发展的水平和牧民的不适应，就宣布了公社化。

相比政府推行的做法，更普遍的牧民合作形式，是被称为"临时互助组"的自主合作形成。1950 年冬，呼伦贝尔牧区的过冬临时互助组有 803 个，3200 户牧民参加，占牧户总数的 62.2%。1957 年，呼伦贝尔盟牧区各类互助

---

❶ 内蒙古自治区畜牧厅. 内蒙古畜牧业发展概况 [M]. 呼和浩特：内蒙古人民出版社，1959.

❷ 呼伦贝尔盟档案史志局. 呼伦贝尔盟农牧业合作化 [M]. 海拉尔：内蒙古文化出版社，2000.

组达到 1027 个，绝大部分就是临时互助组。所谓临时互助组，不建立任何正式的合作文书、合同，合作基于相互间的情感、约定以及现实适合程度。临时互助组的数量统计，只是政府的一种工作方式，而对于牧户来说，这样的合作是一种极为平常的事，如同每日吃饭、喝水一样，是渗透进生活里的细微事，平时并没有人会专门分拣出来说明。因此在牧区调查的时候，问到"是否是自己家单独经营畜牧业"时，得到的答案必然都是"是的"。即使是与邻里或亲戚时常有合作的牧户，问他"是否和其他牧户联合经营"时，得到的答案很可能是"不"。只有在问到具体的环节，如"今年剪羊毛的时候是否找人帮忙了""去年打草的时候跟谁家一起"的时候，才会得到"与某某家一起干活"的回答。牧户一家有事，去请其他人帮忙的时候是不需要过分强调谢意的，更没有人会俯首帖耳，但这并不影响他得到帮助的概率和程度。彼此帮助是一种日常惯例，是感情的交流，也是生活所需。但这和农区的换工又有很大不同，牧户间的合作没有合同，也不作记录，付出和回报非常随意，但也因此而异常牢靠。这种看起来极不正式，以至于牧民自己都可能会视而不见的无契约式合作，在现代重视合约，重视投入、产出、收益的生产方式看来是落后的，缺乏保障的。但在长久的游牧过程中，恰恰就是这种多类型、多时段的非正式合作支撑起了整个游牧区劳动力的整合。

蒙古族的游牧范围一直处于不断萎缩的状态。清朝时期开始的旗界封闭制度，用严格的游牧界线强化了草原民族的生态封闭性，而这一点恰恰与游牧社会的生产力要求不相符合。在成吉思汗统治的时代，游牧界线在战争中不断地变化，游牧民也处于大区域的流动中，不断地接收到新的信息，生态系统和文化系统相对开放。蒙古帝国建立后，在实现小规模游牧的基础上缩小了游牧范围，尽管有利于草原的利用，但固定化加强了生态系统的封闭。这种趋势在清王朝的蒙疆政策下达到了顶点。从姚锡光的一段话中亦可体会到这一点："我朝之御蒙古，众建以分其力，崇释以治其生。一绝匈奴回纥之祸，其术可谓神矣。顾乃不思同化之方变，居国以严藩翰，逐至强邻交迫，肩

臂孤寒。"❶

　　游牧文明的冲击已经成为历史，但当前在文明的建构中仍起着不可替代的作用。它保护了世界上最大的干旱区脆弱带，使之成为地球上一块绿色净土。游牧文明的生态理念——天人合一——与大自然融为一体的生产生活方式，全面保护环境的文化内涵，正是现代人类所要追求的最高境界。

　　草原生态环境是游牧业三要素中最基本的影响因素，对这一要素的全面、正确认识，是了解和认识另外两要素——人和畜的根本，只有正确认识草原生态，才能正确分析和评价草原上人和牲畜的联结关系以及它们的未来。游牧民在利用草原生态环境、资源的历史进程中，对其规律和规则进行认知，把自然现象和自身经验相结合，使其发展完善，并用普通名词概念概括，相传多年的知识体系形成了游牧畜牧业科学。

---

　　❶　姚锡光，筹．蒙乌议：实边乌议·序言［M］．台北：文海出版社，1965．

第三章

草原的变迁

现代人的麻烦，是他一直在试图使自己同自然分离。

——刘易斯·托马斯《细胞生命的礼赞》

第一节　从游牧到定居

作为最早解放的内蒙古地区，1947 年就成立了民族自治区，要早于中华人民共和国成立。当年，由内蒙古人民代表会议通过和公布了《内蒙古自治区政府施政纲领》，规定："保护蒙古民族土地总有权之完整，保护牧场，保护自治区域内其他民族之土地现有权利。"内蒙古东部进行民主改革比西部早，东西部分别于 1947—1948 年和 1951—1952 年进行了民主改革，当时都宣布了"牧场公有，放牧自由"这一政策。这个"公有"是指民族公有，但是"草牧场民族公有制，是特定历史条件下的特殊生产领域的所有制，它有局限性和难以克服的矛盾"。特别是民族杂居的地区，草牧场民族公有制有不适宜

67

的部分。❶ 1960 年内蒙古自治区规定的《畜牧业八十条》明确规定草原为全民所有，之后农业部和民族委员会制定的《牧业区工作四十条》也肯定了全民所有制。这个时期的法律条款笼统地规定草原归全民所有，但是没有界定使用权主体，这在客观上为集体"垦荒者"提供了开垦优良牧场的法律依据。1958—1960 年，净迁入内蒙古牧区的人口为 19.2 万人，相当于新中国成立初期全部牧区人口之总和。❷ 1948 年，民主改革在呼伦贝尔盟同步开始。呼伦贝尔盟政府贯彻内蒙古自治区政府提出的"人畜两旺"、"依靠牧民，团结牧主、喇嘛，发展生产，提高牧民生活水平，稳步前进"的方针及"牧工牧主两利"的《工资条例》（1948 年冬通过，后又经过两次修改）和《苏鲁克条例》（1953 年年初）。具体办法是，大畜以 200 头、小畜以 500 只为计算单位，放养 500 只羊，牧工月得报酬 2 只羊；放养 1000 只羊，月得 4 只羊。新苏鲁克制❸规定，放苏鲁克户（牧主）和接苏鲁克户（牧工）双方以自愿互利的原则签定合同，明确分成比例（以当年仔畜为基数），视不同苏木以三七开或四六开，牧主得小头，牧工得大头，时间 3~5 年不等。但在不同地区和不同年份的分法也会有较大不同。例如，1953 年新巴尔虎左旗某巴嘎（生产队）的分红办法是：以受胎母畜为 100，接苏鲁克户分 40%，放苏鲁克户分 60%。下双羔之羊，多余之 1 只属于接苏鲁克户，另一只算入百分比内以 4%~6% 分之。另外，关于遇灾害的规定有：因偶然灾害而死羊 1/3 以下时，由接苏鲁克户负责，如因畜疫死亡超过 1/2，则由双方负责。总之，不管分红办法如何定，总体上遵循双方同意的原则。这些政策被统称为"三不两利"的牧区政策，即对牧主不分其财产、不予斗争，牧区不划分阶级和"牧工牧主两利"。这一政策的实施，保护了畜牧业免遭破坏性损失，调动了牧主与牧工的积极性，促进

---

❶ 额尔敦扎布. 草牧场所有制问题 [J]. 内蒙古经济研究，1982：18.

❷ 荣志仁. 草原破坏亟待治理 [J]. 草原牧区游牧文明论集 [J]. 内蒙古畜牧业杂志社，2000：2.

❸ 苏鲁克制度和雇佣放牧制度多因商人而起，苏鲁克的蒙语意义是"群"之意，苏鲁克制是指借牧他人牲畜合群，以维持生存的一种牧主和牧工之间的合作关系，其实质是商品经济关系。清中叶以后，汉商应用了委托放牧制度，不是把经商或索债所得的牲畜全部送回内地，而是留在草原，特别是店铺所在的地方饲养，然后在最有利的时机出售。清中叶后，富户和贫困户、蒙古贵族与平民之间也实行这种制度。旧时代的苏鲁克制度带有较明显的剥削与被剥削痕迹。

了畜牧业的发展。1953 年，政务院民族事务委员会通过和公布了《关于内蒙古自治区及绥远、青海、新疆等地若干牧业区畜牧业生产的基本总结》，指出："草场、牧场为民族公有的内蒙古自治区，实行了自由放牧、调剂牧场的政策。"自 1947 年自治区建立至 1958 年人民公社化，内蒙古草原的民族公有制延续了约 11 年。内蒙古的草原产权由自治政府成立时的民族公有制改为 20 世纪 60 年代末的全民所有制后，1965 年的《草原管理暂行条例》规定草原的使用权属于国营企业、事业单位和人民公社的生产队。❶ 内蒙古草原的民族公有制延续了大约 11 年，……其间牧民对自己占用的草牧场可以全面地行使占有、使用、收益和处置的权利。……在这种情况下，草原的民族公有制事实上等于集体所有制，只是法律上没有作出相应的规定罢了。1958 年，内蒙古草原公有制受到了双重冲击，一个是人民公社化，另一个是大批移民开垦草原。这么一来，草原的民族公有制迅即解体，取而代之的是全民所有制。由此可见，草原全民所有制事实上的出现先于法律上的体现。❷

1949—1978 年为哈日干图畜牧业建设养畜初级阶段。新中国成立初期，牧区继续贯彻"不分、不斗、不划阶级"、"牧工牧主两利"、废除封建特权、扶助贫困牧民发展生产等政策，实行草场公有、自由放牧和新"苏鲁克"等办法，牧民的生产积极性普遍较高。1958 年，全盟基本完成了社会主义改造，牧区建立牧业合作社 209 个，85% 的牧户加入了牧业生产合作社；同年 12 月掀起人民公社化的高潮，100% 的牧户加入了人民公社。这一时期草原的所有制仍为民族公有制，但事实上基本变为集体所有制。1958 年合作化完成后，内蒙古自治区政府规定了草原实行单一的全民所有制经济，管理上实行以生产队为基础的体制。此时呼伦贝尔盟草原管理上开始出现"抢牧、滥牧、在草场上乱垦、乱挖、乱搂、乱采"、"吃草原大锅饭"的局面，形成了事实上的"草原无主、牧民无权、侵占无妨、破坏无罪"的状况。哈日干图的外来人口

---

❶ 内蒙古党委政策研究室. 内蒙古畜牧业文献资料选编（第四卷）［M］. 内蒙古自治区农业委员会编印，1987（3）：183.

❷ 敖仁其. 制度变迁与游牧文明［M］. 呼和浩特：内蒙古人民出版社，2004.

在此期间开始开垦菜地，苏木范围菜园最多时达到几十处。1960年，呼伦贝尔牧区开垦草原面积达278万亩之多，1965年草原鼠害面积达到416万亩，草场退化严重。1965年，按照《内蒙古自治区草原管理条例（草案）》规定，呼伦贝尔实行"一切草原均为全民所有，可固定给国营企、事业单位和人民公社的生产队经营使用"的方针，草原的管理仍以生产队为经营主体。这种管理体制一直维持到1978年。

1978年后，呼伦贝尔牧区开始实行生产责任制。1981年，中共呼伦贝尔盟盟委、呼伦贝尔盟行政公署强调加强和完善畜牧业生产责任制。在草场集体所有的基础上，1982年出现了"家庭经营为基础的畜草双承包责任制"。1984年6月，呼伦贝尔盟行政公署制订的"呼伦贝尔盟贯彻《内蒙古自治区草原管理条列（试行）》实施方案"中要求各旗市建立管理委员会、草原监理机构，并开展草原的"双权"（指草原所有权和使用权）固定工作。1985年，《中华人民共和国草原法》颁布，以国家法律的形式进一步明确了"草原为全民和集体两种所有制"。[1] 该制度一直实行到1996年，此后牧场划分到户。

内蒙古牧区的草畜承包制源于土地承包责任制在农业区的成功。20世纪80年代初开始，承包责任制以农业区的政策模式在草原地区逐渐推行。草原地区施行承包责任制大致可以分为三个阶段：第一阶段，20世纪80年代初至80年代末，所有牲畜承包到户，部分草场开始承包；第二阶段，20世纪80年代末到90年代中期，草原地区大部分草场开始承包到组（嘎查）；第三阶段，20世纪90年代中期至今，在中央政府和省级政府的干预下，草场开始实行承包到户。[2] 这个时期的经营特点是开始在草原地区建立以家庭为单位的牧场私有产权，牧民家庭开始逐步拥有草原的使用权、收益权和转让权，但是直至目前，牧民家庭拥有的私有产权仍然不完善。

---

❶ 朱廷生. 呼伦贝尔盟畜牧业志［M］. 呼和浩特：内蒙古文化出版社，1991：89－90.
❷ 阿旺尖措. 草原家庭承包对牧区经济社会发展和生态保护的意义和作用［R］. 北京：中国草业可持续发展战略论坛，2004.

　　哈日干图苏木位靠陈巴尔虎旗西南境，由南向北呈狭长形，中部至北部为丘陵地带，南部为平坦的草原。1958年公社化之前该苏木称昂格日图苏木，当时的昂格日图、宝日罕图两个嘎查的夏营地在莫尔格勒河和特尼河中间的地带，居该旗东南部。莫尔格勒夏营地是呼伦贝尔草原上与辉河夏营地并称的著名的夏营盘，夏季水草丰美、少蚊虫，因而上百年来被作为陈巴尔虎旗牧民夏季牧场使用。1958年，该旗紧随牧区公社化的大潮，已经由昂格日图更名为哈日干图的该苏木也改为哈日干图公社。1958年8月上旬开始，全盟按第二个五年计划的要求，在陈巴尔虎旗至额尔古纳旗长约100千米的范围内兴建国营牧场和开垦饲料基地。特尼河牧场开始建设后因牧场用地之需，原计划该区域做夏营地的多个嘎查不再被允许夏季迁徙到特尼河下游，旗里另分配莫尔格勒夏营地，后旗政府离海拉尔25千米，叫做"南金布拉格（蒙古语为Nanjin bulag）"的地方安排了一处夏营地，哈日干图苏木的两个嘎查夏营地也定在这里。但这处夏营地不久后又因草场纠纷等问题为原来在此夏营的牧民所不容。1983—1984年，内蒙古开展固定草原使用权活动，确定了嘎查界线，但夏营地和过场牧道仍由全旗牧民集体使用，各嘎查的夏营地范围，由旗政府和畜牧部门分配。1983年以后哈日干图苏木所辖嘎查数目已增至四个，旗政府再次商定将包括这四个嘎查的六个嘎查的夏营地定在南部辉河流域。但这次所分配的夏营地利用情况并不理想，因为1984年以后嘎查边界已经划清，辉河流域属鄂温克旗界内草场，虽然历史上陈巴尔虎旗居海拉尔河南岸的牧民一直在夏季迁徙至该草场，1983年划上述六个嘎查夏营地的时候也与当地嘎查牧民协商，但鄂温克旗已在该处草场修建围栏，陈巴尔虎旗走夏营地的羊群通过、饮水都只能按对方规定时间和地点。这给游牧的牧民和牲畜带来极大的不便，两边牧民纷争不断，加之集体所有制解体后单独牧户走场能力下降，路远不好走，宝日罕图嘎查的牧民在1984年以后也再没有去过这个夏营地。

　　因为哈日干图苏木辖内草场地势各有不同，丘陵地带、沙地和湿地可作为牧场，而在机械化打草开始后只有地势平坦的开阔草原地带（蒙古语为shili）

才能作为打草场使用，因此哈日干图苏木三个嘎查❶的打草场均集中在苏木南部草原，其他草场则为放牧场。从建立内蒙古自治区到1984年的37年间，虽然政府行政设置变化频繁，但哈日干图的游牧总体上一直是以嘎查成员为基础的集体联合形式下进行的，牧民们❷按春、夏、秋、冬四季草场的季节特点、植物长势、品种、水源情况以及牲畜膘情等来综合考虑走场次数、方向和时间等。在哈日干图牧民四季游牧的程序中，在夏营地（蒙古语为 Zuslan）和冬营地（蒙古语为 Ebuljyee）的时间最长，在春营地（蒙古语为 Haburjyaa）和秋营地（蒙古语为 Namurjyaa）的时间比较短。当地汉族人称各季营地为营地、营盘、羊盘等。

图 3－1　莫日格勒河（摄影　朝乐门）

20世纪60年代成立的哈日干图嘎查是哈日干图苏木第三个嘎查，原为昂格日图苏木的第五生产队，简称五队，后改为哈日干图嘎查，位于呼伦贝尔东西方向最大沙带的中东部，近一半的草场属丘陵地貌，平均年降水量250毫米

---

❶　原来的四个嘎查于1986年合并成三个。
❷　此处指后成立的哈日干图嘎查以外的牧民，即当地原住牧民。哈日干图嘎查的畜牧业经营方式将在第三章中另作介绍。

左右，且多数年份达不到平均降水量水平，年际间变化幅度特别大。❶嘎查境内草场土层极薄，对牲畜践踏的耐受力低，而丘陵地带植被下的沙层是裸露的。在干旱年份，同一片草场可停留牲畜的时间很短，畜群必须频繁移动才可保证草场不会因过牧❷而沙化，近20年来哈日干图草原沙化、退化现象加剧，该嘎查是其中沙化程度最严重的地区。

到莫尔格勒—特尼河夏季牧场，宝日罕图嘎查的走场路线约170千米，昂格日图嘎查约150千米，两个嘎查各自组织走场队伍。公社化之前，牧民的联合形式是小户靠大户。牧主畜群大，车辆、役畜等必要的生产资料也充足，小户牲畜少，无论从人畜的安全性还是畜牧生产的必要性来说，都无力单独长时间地走"敖特尔"或维持日常生活，小牧户依靠大牧户，并非只为挣取劳酬，同时也是为了利用大牧户充足的生产资料维持自身的畜牧业生产，而大牧户也迫切需要通过与小牧户的合作来满足对劳动力的需求。蒙古族游牧畜牧业的传统是基于"联合"的基础运行和发展的经济模式，牧主和牧工之间的关系不同于农耕地区地主和佃农的关系，不是单纯的剥削与被剥削。在特殊的地理、生态条件下，彼此依赖更多是出于生存的需要，新中国成立初期内蒙古提出"不分、不斗、不划分阶级"的政策正是基于内蒙古牧区特殊情况制定的，事实证明，当时的政策是合乎牧区现实的，是有利于牧区发展生产的。1958年公社化后，畜牧业由嘎查集体管理。全嘎查的牲畜按种类分类，分别由专人负责放牧和管理。牲畜的数量也要有所限制，不可过多也不可过少，羊群一般1000~1500只为一群，马群400~500匹为一群。当时的昂格日图和宝日罕图

---

❶　对于内蒙古干旱半干旱草原来说，"平均降水量"这一概念究竟有多大意义，学界一直存在争议。因为在干旱半干旱草原上降水量是决定牧草生长情况的最主要因素，而年际间降水量的变化太大，所以每年的草场生产量都有很大的不同。陈巴尔虎旗1990—2001年的十年间，最高降水量达到542.9毫米，而降水量最低的年份只有176.2毫米，降水量的不同直接影响不同年份间的草场质量，因此在这种非平衡生态系统条件下按平均降水量和草场平均产量来计算出的"载畜率"严重缺乏可行性。

❷　"超载"和"过牧"本是两个不同的概念。所谓超载，是指草场实际负载的牲畜数超过按草场生产量计算出的可负载量。而过牧则是指过度放牧，即牲畜在草场上采食践踏的时间超过草场保存、恢复生产力所能忍受的"极限"时间，实际就是指定牧——停止游牧。但这两个概念在近年草原退化、沙化问题研究中经常被混淆或被作为同一问题阐述和理解。如果说"超载"是因为草地负载的牲畜过多了，那么"过牧"在很大程度上则是因为将草场划分成小块的制度造成的。

嘎查总牲畜头数分别是24000头（只）和13000头（只），两嘎查骆驼的数量都比较少，各拥一群。除嘎查专职羊倌、牛倌、马倌和驼倌之外，其他人负责挤奶，做奶食品，压毡，用马鬃马尾辫蒙古包围绳、役畜绳索、马缰、马绊、生活器具等手工活以及照顾幼畜和体弱的大畜等工作。

夏季"敖特尔"的出发时间要根据每年的气候状况和牲畜膘情来定，总体上大概在6月5日前后，途经呼和诺尔苏木的乌布尔诺日嘎查、哈腾呼硕嘎查、巴音布日德嘎查、东乌珠尔苏木的查干诺尔嘎查、白音乌拉嘎查、海拉图嘎查、额尔敦乌拉嘎查以及旗政府所在地巴彦库仁镇、哈达图苏木（后改为哈达图农牧场）的三队、鄂温克苏木的阿日善等嘎查。从海拉尔北5千米处的桥过海拉尔河，新中国成立后过海拉尔桥时4点到6点半有交警协助以疏散机动车辆。走夏季牧场时同一嘎查的牧民同行，一个走场队伍通常由70～100辆勒勒车组成，浩浩荡荡，是20世纪70年代之前草原上的一大人文景观。走场的队伍中分工明确，牛、马、骆驼和羊群分别由不同的人负责驱赶，人员分配基于牧民们的经验，遵照嘎查领导人和努途格沁（蒙古语为nutugchin❶）安排，一般为男性，且每年的负责人都是相对固定的，而不是牧户各自负责自家的牲畜。老、残、妇、幼人员负责行程中挤牛奶、做饭、做奶食品以及管理幼畜。

努途格沁，在过去的牧区畜牧业生产中所起的作用举足轻重，一般来说一个嘎查至少有一名。努途格沁一般由经验丰富的年长牧民来担任，负责一年当中所在嘎查的四季营地选址、迁徙时间的确定等工作。因为内蒙古草原地区气候多变，每年降水量都有很大的不同，因此对草场长势、冬季降雪量和降雪时间的提前预测直接关系到全嘎查畜牧生产的命脉。努途格沁的培养主要靠经验丰富的努途格沁师父带徒弟式的带领和教导，在20世纪70年代呼伦贝尔还曾组织过全盟努途格沁培训。笔者在田野点调查时的访谈人ULMH和SSR的爷爷曾分别是昂格日图嘎查和宝日罕图嘎查的努途格沁。畜牧业是个分工很明确

❶ 牧区专门负责安排"敖特尔"路线、时间的牧民。

的行业。畜牧业生产当中除了勤劳肯干之外"经营"是非常重要的一环，在任何一种文化当中，并非所有的成员对该文化包含的所有要素的拥有程度都相同。拉尔夫·林顿将这种拥有文化的方式称为"分有"，即不能将那些作为文化综合结构中的部分要素看作被全社会的成员所"分有"，不管是指整个过程还是其中的某个时间，都是如此。❶ 在畜牧业生产当中，这种不均衡"分有"显得更为突出，努途格沁的存在及其地位即是一个鲜明而典型的例子。对外贸易等经营管理问题则多由集体领导或小群体领袖负责，也有专人负责此项任务。并非所有牧民都是生态专家，更不是"全才"——能够拥有气候预测、草场种类和牧草品种辨识、畜牧业经济管理等全方面知识并有能力掌握这些畜牧业要素之间微妙平衡的。在现行的草原政策下牧民正在被要求变成这样的"全才"：将原有的分工协作式畜牧业转变为一家一户式独立经营，牧民需要具备的能力太多，既需要懂畜牧业生产所需的植物、动物、气候知识，更需要有畜牧业经济头脑。尤其是对最后一项能力的高要求，正在成为蒙古族牧民这个整体上没有重商传统的群体在市场经济环境中翻车覆舟甚至破产的重要原因，本书研究的田野点上导致大量牧民破产、草场丢失的一大原因就是经营不善。目前世界经济的总体趋势是分工越来越细化，在这一点上单户经营的模式与世界经济发展趋势是背道而驰的。

夏季"敖特尔"的去程（蒙古语为 zuslan garh，意为"往夏营地上行"）约走 15 天。走场途中马群在前，要看紧马群，否则马群会自己先跑到夏营地。路上的时间还包括途中修理勒勒车及其他器具，这些工作通常由嘎查内部专人负责。虽说是"迁往"夏营地，但并非到了夏营地盖了蒙古包后就一直不动了。夏营地的游牧生活是一年中移动最频繁的一季，尤其是因为夏季天气热，羊群必须经常移动才能保证羊不会因热生病。夏天的羊圈若长期在同一处，羊毛会因粪便的积累而变脏，进而会影响到羊肉的味道。草原上的羊群因毛色洁白而常被喻为绿毯上遍撒的珍珠，草原上的羊肉味道鲜美、无膻味就是因为隔

---

❶ ［美］拉尔夫·林顿. 人格的文化背景——文化、社会与个体关系之研究［M］. 于闽梅，陈学晶，译. 桂林：广西师范大学出版社，2007.

几日或一周就会移一次羊圈，换一片草场。因为羊群移动频繁，牧户全家人不方便随同迁移，所以羊倌会单独迁移，称为"hungen otor"，意为轻的"敖特尔"。轻的"敖特尔"的蒙古包设施简单，只备生活必需品，蒙古包也比较小。后期拖拉机普及后常有羊倌用房车代替蒙古包，迁移时拉上车就搬家了，非常便捷。

图 3-2 夏营地的羊群在莫日格勒河饮水（摄影 朝乐门）

羊群必须随时都有人跟随看护，但牛群和马群并不需要这样。通常牛群中当年产牛犊的奶牛，主人因为要每天挤奶做奶制品食用和做冬季食品储备而每天驱赶回牧点以外，其他牛群自己寻找喜食的牧草，而不会总在主人蒙古包周围。主人一般隔几天骑马去转转，知道牛群的方位就可以了，20 世纪 90 年代以前草原上随意游走的畜群基本没有被盗的事情发生。骆驼群的管理则要更松散，除了春季剪驼绒和接羔之外，一年当中驼群几乎都是在自己寻找合适的草场，主人一个月跟踪看一次驼群的方位，如果越旗界了，赶回旗界内便可。事实上大畜越旗界是常有的事，尤其是雪灾、冷雨发生时，马群和牛群很容易越旗界。如果在别旗的草场上停留的时间太长，双方会协商赔偿，通常不构成纠纷。20 世纪 90 年代之前，哈日干图苏木的驼群基本是在相邻的新巴尔虎东旗嘎勒巴日苏木和本苏木的草场上游走，极少发生丢失或因越界而引起纠纷的现象。关于畜群的这种悠闲自在的状态在 20 世纪 90 年代后期发生的改变，将在后面的章节中叙述。

9 月 1 日前后（秋分过后）从夏营地返回。返程（蒙古语为 zuslan uruu-dah，意为"从下营地下行"）用时要比去程时间长，大约需要 30～40 天。因为秋天是为过冬做准备的重要时机，畜群赶得太快会掉膘，羊群在返回途中寻找野葱（mangir）、野韭（gogod）等葱属植物和草原大白蘑丰富的草场放牧，期间羊群基本不饮水，水分补充主要靠所食植物，因为葱属植物和菌类均有驱虫作用，且水分含量高，所以采食足够的葱属植物对羊群来说是秋季抓膘和防病的重要举措，秋季牧场的植物种类和质量是畜群有个好的膘情为过冬做准备的非常重要的基础，一定程度上关乎畜群的生存。事实上这段时间即是羊群走秋季"敖特尔"（蒙古语为 namurjyaa）的过程，小畜在秋季牧场停留的时间要比大畜短，必须在下雪前赶回冬营地，做过冬的准备。从夏营地返回后牛群和马群则不直接回冬营地，先去辉河秋营盘滞留到下雪方才返回嘎查冬营地。

图 3－3　夏季河边的马群（摄影　朝乐门）

到辉河夏营地，宝日罕图嘎查的走场路线约 60 千米，昂格日图嘎查约 40 千米。尽管比起莫日格勒 – 特尼河夏营地来说近了一半的距离，但这个后分的夏营地对这两个嘎查，尤其是对宝日罕图嘎查失去了实际的意义，因为几乎没有被利用过。1984 年草场确权开始后，呼伦贝尔盟确定各旗县界线，将辉河河水分给了鄂温克旗，河岸地区宽 9 千米左右、长 65 千米的草场分给了陈巴尔虎旗。鄂温克旗方面为保护芦苇及河水的所有权，将包括分给陈巴尔虎旗的大片河岸用铁丝网围起来。这造成了后来的陈巴尔虎旗牧民转场后在夏营地人畜饮水困难，在围栏开放的时间、留出的牧道和饮水口的宽度等问题上两旗纷争很大，这是陈巴尔虎旗牧民不愿再去辉河夏营地的原因之一。其二，因为草场确权后部分有经济实力的嘎查率先将所属草场用围栏围起来，这造成其他旗或嘎查的牧民在转场途经时变得困难重重，一方面围栏挡住了牧道，畜群转场时经常会被困在围栏里转不出去；另一方面草场确权后途中的嘎查开始收取高额的过场费，甚至出现故意发难不让过场的事情。这是牧民不再走远场"敖特尔"的主要原因。其三，1982 年开始，牧区吸收农区经验，在部分旗县进行了家族联产承包责任制的试点。1984 年哈日干图苏木开始实施"双重承包责任制"，牲畜以标价的形式分配到每户，至此，延续几个世纪的联合式畜牧生产形式宣告结束，此后的畜牧业生产均以家庭为单位。这大大削弱了牧民走"敖特尔"的实力，因为劳动力不足，转场时的大小牲畜不能分群管理，远场"敖特尔"变得异常艰难，对于人数少的小家庭式牧户来说则已完全不可能。

如果说蒙古族游牧中夏、秋两季转场是为战备阶段，那么真正的战场则是在冬、春两季草场上展开的。蒙古牧民称迁往冬营地为"ebuljyeen dee buuh"，意即坐落到冬季营盘，从用词上可以看出冬营地的移动次数要比其他季节少。❶ 大体上，陈巴尔虎旗的冬营地主要分布于西部与北部，是包括哈日干图苏木在内的丘陵沙地和波状台地。这里地形复杂，适合冬季避风，因地形起伏

---

❶ 在陈巴尔虎旗是这种情况，但在部分牧业旗，冬营地的迁徙亦很频繁，区别主要由冬营地的自然生态环境所定。

才能有避风处，丘陵的北面或西北面是迎风区，极为寒冷，南面挡风，适合于安营；夏营地在东半部，正是上文中所说的莫日格勒——特尼河流域。哈日干图的冬营地选择背风、向阳、温暖、降雪少、枯草多的丘陵地带扎营，昂格日图嘎查和宝日罕图嘎查都是如此。❶ 除了地势，冬营地的积雪量是选择营地时的另一主要标准。积雪既不能多也不能少，雪多覆盖植被，牲畜吃不到枯草，雪少则牲畜无法舔雪。牧民根据经验和信息确定冬牧场，与夏营地不同，冬营时期牧民交流的机会少，一场大的风雪过后，很难把握各地的积雪状况，有时也会陷入困境，这时，政府提供的信息便显得尤为重要。初冬时，旗领导会派出部分工作人员和有经验的牧民（如上文提到的"努途格沁"）对各地的积雪覆盖率、土壤冻结状况、枯草产量和碱地等情况作调查，为牧民提供可供参考的信息。与过去相比，现代的游牧民应该具有更大的优势，收音机、电视机，尤其是移动信号覆盖后手机在牧民交流气候、草场质量、市场等信息提供了很大的便利。冬营地是牧民的粮草库，冬营地的草场长势对畜群是否能越过这一冬天接到来年春天青草长出来起着决定性作用。1962 年，哈日干图的牧民开始在秋季少量地打草储备，在那之前牧民没有打草的习惯，也没有放牧场和打草场之分。即使开始打草之后，甚至到 20 世纪 90 年代开始大量储备冬草后，牧民还是更重视冬营地的选择，只有定居点上的畜主们才完全依赖秋季打草来让畜群过冬，所以冬营地对牧民来说始终是个极其重要的生产资料。游牧时代（此处指划分草场到户之前），牲畜负载量对冬营地产生的影响很小，真正影响冬营地草场的是一种人为因素，即野火。非洲的努尔人在平原放牧时等青草一枯干就放火，他们是为了及时清除枯草，使新草长出，以利牛群哨食。努尔人所处地区降雨量充沛，草长得很旺盛，枯草如不及时清除则不利于新草生

---

❶ 在内蒙古牧区，沙地、丘陵是很重要的地形地貌。在各牧业旗确定苏木及嘎查边界的时候，很多嘎查都会争相抢要丘陵沙地。这种看似和一泄千里的平坦草原相去甚远的地貌，如此受牧民的钟爱，就是为了用作冬营地的。另外，沙地涵养水分的能力比草原更大，以哈日干图为例，在沙地植被尚好的时候丘陵地带有很多比较大的水泡子（蒙古语作 togtomal nuur 或 daach，意为积下来的水，和有泉眼或有河流补给的湖水以作区别），几乎每一个沙窝子里都有积水，牲畜饮水非常方便。内蒙古中部的浑善达克沙地，则是锡林郭勒盟和哲里木盟大部的水源地，涵养着大量的淡水资源。

长。如不烧草，牛会因草丛过于繁茂而吃不到新草、嫩草。[1] 但在蒙古草原，失去冬营地上的枯草却意味着牧草缺乏，呼伦贝尔当时平均每年有30%的草原受到野火危害。过火后的枯草几乎丧失殆尽，已无当年利用价值。[2] 根据日本技师的试验，以不过火草地的牧草产量为100计算，过火草地第二年的产量只有68。植被结构也有逆向演替的倾向，优良草种减少，低劣草种增多，甚至连土壤也受到了危害。[3] 陈巴尔虎旗牧民在春天刚开始时烧草，他们认为烧草后有利于草长新芽，还有杀灭蚊蝇虫卵的作用。但他们是在结束冬营地生活，迁往春营地时烧草；无论如何也不会在枯草时节在冬营地放火，因为那样做无异于自断生路。

图 3-4　冬季牧羊（摄影 赵如意）

20世纪五六十年代，哈日干图草原首场雪平均大概在10月20日以后，进入11月仍不下雪就会形成黑灾。等到下过的雪能存住不化掉的时候，牧民

---

❶　［英］埃文思－普里查德. 努尔人——对尼罗河畔一个人群的生活方式和政治制度的描述. 褚建芳，等，译. 北京：华夏出版社，2002：74.

❷　新京支社调查室. 呼伦贝尔地方牧野植生调查报告［R］. 南满洲铁道株式会社，昭和十八年（1943）：421.

❸　《牧野概说》（附）兴安北省牧野概况，1939（11）：5－8，转引自王建革. 游牧方式与草原生态——传统时代呼盟草原的冬营地［J］. 中国历史地理论丛，2003（2）.

就要离开水源地迁到冬营地，因为天气转冷后如果饮牲畜，尤其羊群饮凉水会迅速掉膘，所以只要积雪够牲畜啃的，就要开始冬营地的生活了。冬营地移动次数少，除了冬季天寒搬迁不便之外，因为冬营地是在丘陵、沙窝子里，因此灌丛多，植被生产量要比草原高得多；另外冬营地的草场从春季开始到冬季下雪一直不进畜群，草的高度、密度都会比较好；如是在河岸远处的台地过冬，则柳条很多且非常密实，因此可以供给畜群足够的食物。20 世纪 60 年代开始苏木供销社供应豆饼❶和麦麸等农区饲料，不少牧民会选择储备部分这种饲料以喂养膘情较差的牲畜。冬营地的移动次数在不同的草场条件下有较大的区别。同是在呼伦贝尔地区，新巴尔虎右旗因草场质量差，移动频率就比陈巴尔虎旗高出数倍。❷ 在冬营地的放牧区域基本上以蒙古包为中心呈放射状，牧人视天气、风向和草的高度、雪的厚度来决定每天的出牧方向，除此之外碱地、燃料和病虫害等因素也会对畜群移动方向产生影响。各种牲畜刨雪吃草的能力和移动能力有很大区别，马的刨雪能力最强，移动能力也强，可以夜不归营。马食高草，一般会在草场外围放牧，放牧半径约 7 ~ 15 千米。牛羊在冬季每晚归营，牛的放牧半径约为 4 ~ 7 千米，羊为 3 ~ 8 千米，但在草场情况好的时候，牛和羊的实际放牧半径一般在 2 ~ 4 千米，在保证牲畜能吃饱的前提下，牧民会尽量缩短每日的放牧半径以保存牲畜体力，避免牲畜在积雪中长距离行走。

4 月 5 日前后，雪化，牲畜开始进入产羔期，此时牧民迁往有水源、避风的春营地接羔。春营地选择离水源近，柳条、芦苇多的地方扎营，以便就地取材建接羔的棚圈等保暖设施。春营地接羔的重点在羊群，因为刚出生的羊羔非常脆弱，在蒙古包外初春时的寒冷中很快就会冻僵，因此在接羔期间牧民的劳动强度非常大，整个接羔期内很难连续睡上两小时的觉，要一直注意将产羔的羊，隔段时间就要出去看看。羊群集中产羔期在 20 天左右，接完羔后就要尽

---

❶ 用大豆或黄豆粕压成的直径为 1 米的饼状饲料。
❷ 20 世纪 60 年代陈巴尔虎旗牧民在冬营地的三个多月的时间里约迁移四五次，但新巴尔虎右旗可达 20 余次，比夏营地的移动更为频繁。

快离开。迁到春营地的只限产崽的母畜，其他畜群从冬营地迁出来后仍要游牧，此时的移动频率要比冬营地高。虽然春营地的牲畜头数比较少，但快产崽的母畜放牧半径比正常时候近得多，所以近40天的连续放牧后如不尽快迁往别处，就会影响到牲畜的可采食量。离开春营地后的羊群要尽量找小白蒿（蒙古语为 agi）等返青早的草种和糙隐子草等细枝枯草多的草场去放牧，牧民认为小白蒿有催奶的作用，对刚产崽的母畜恢复体力和下奶有重要作用。采食到青草的羊，其粪便的形状和颜色都会变得和采食干草时不同。

嘎查集体的牲畜，在进入冬营地后会分群包给各个牧户放牧，春季接完羔后视接羔率，基本按照 3% ~ 5% 的比例分部分牲畜给牧户作为自留畜，自留畜的存在可在鼓励社员牧民劳动积极性的同时保障牧民日常生活中畜产品的需求。在 20 世纪 70 年代末 "割资本主义尾巴" 时又将牧民自留畜的大部分拿来充公，笔者的一位访谈人 EDBY 家 13 头牛中的 9 头就是在 1971 年被没收作集体资产的。

图 3 - 5　冬季牧马（摄影 乌尼尔）

20 世纪 80 年代初，哈日干图苏木结束远距离 "敖特尔" ——莫日格勒 - 特尼河夏营地转迁至辉河夏营地的直接原因，是特尼河国营农牧场的建立占用了夏营地草场；而辉河夏营地未被利用（或利用率低）的原因则是草场划分引起的连锁反应。❶ 事实上，即使莫日格勒 – 特尼河夏季牧场仍可利用，在畜牧业联产承包责任制实行后以家庭为生产单位的牧民也很难有能力迁徙近200千米到达那里；再退一步讲，即便牧民有能力迁徙，现在通过海拉尔桥的机动车流量比50年前增长了不止几十倍，若想让所有需要过河走场的牧民都统一组织，定好时间由交通部门协调过桥，又谈何容易？这不由让人联想到藏羚羊在迁徙季节穿越青藏公路的困境。

日本学者福田胜一等人认为，牧场的共有和共用是游牧的根基。❷ Elliot Fratkin 和 Robin Mearns（2003）认为牲畜在草原上的灵活迁移是使放牧畜牧业和牧民生存保持可持续性的基本条件，而人口的增长、土地的流失、牧业经济发展的不平衡以及干旱、饥荒、战争带来的混乱等，都是造成牲畜迁移性下降的原因。其中土地产权明晰、牧民定居这些我们一贯认为是促进牧区发展的措施也被认为导致迁移性下降而受到质疑和否定。即使是在"双权一制"在牧区推行15年后的今天，在有限的条件和有限的范围内尽量坚持游牧的例子，也证明了"移动"对于内蒙古草原生态的适应性和对保护草原环境的必要性。❸

尽管可以看到哈日干图的牧民停止远场敖特尔转为两季转场直至定居模式的过程中有很多具体的直接因素，但不可否认国家在内蒙古牧区推广定居模式所做的政策性指导是真正起作用的关键原因。1951年，中共内蒙古分局提出逐步在有条件的地区推广定居游牧的政策，1953年中央政府开始提倡定居游牧，政务院作出了在条件具备的地方提倡定居游牧的指示，称：各地牧业区，绝大部分是游牧区，也有一部分是定居和定居游牧区。定居与游牧各有好处与缺点。定居对"人旺"好，但因天然牧场、草原产草量有一定限度，对牲畜发展与繁殖不利。游牧能使牲畜经常吃到好草，对牲畜繁殖有好处，但全家老

---

❶ 上文中列出的三个原因，其根本原因均在草场划分。

❷ ［日］福井胜义·谷泰. 牧畜文化的原象［M］. 东京：1987：14.

❸ 李文军，等. 解读草原困境——对于干旱半干旱草原利用和管理若干问题的认识［M］. 北京：经济科学出版社，2009：203 – 231.

小一年四季随着牲畜搬家，对"人旺"来说极为不利。而定居游牧，在目前的生产条件下，则可以兼有两者的优点和克服两者的缺点。因此，在条件具备的地方提倡定居游牧，一部分（主要是青壮年）出去游牧，一部分人（老、弱、小孩）在定居的地方建设家园，设卫生所、种植牧草、种菜、兴办学校等，并在自愿的情况下，逐步将牧民组织起来，进行互助合作，这将更好地达到改变牧业区人民的生活面貌和人畜两旺的目的。❶

20世纪50年代中后期，游牧区开始形成集体制度，国家对基层社会控制力度加强，推广定居游牧不再只是一种技术性推广，而是一种政策和制度执行。1956年3月，内蒙古自治区召开了第3次牧区工作会议。会议批评了安于现状、满足于传统游牧生产方式的保守思想，要求牧区从水利、饲料基地等入手推行定居，争取在一两年内使牧区基本实现定居：在已定居和半定居地区，则要求进一步划分牧场，划区轮牧。1959年，随着人民公社化的完成，定居游牧推广有了强大的制度支持，进入了全面规划阶段。定居游牧为国家权力深入基层创造了前所未有的条件，牧民随时可以参加各种政治和生产运动。政府也通过定居点为蒙古族牧民提供服务，诸如邮政服务、商业服务和教育服务等。这一切都是在定居的基础上建立起来的。"要从根本上改变牧区的面貌，提高牧民的政治文化水平和健康水平，定居是一个重要的步骤。"开会、传达指示、发动群众等一系列政治形式，如果没有定居，单靠骑马串蒙古包，是很难开展的。

20世纪60年代的定居游牧政策确实如政府所预期的那样，在一定程度上取得了"人畜两旺"的效果，但在那之前已经开始了的草场全民公有制让哈日干图草原上的游牧民在终于可以结束缺医少药的游牧生活困境后，又陷入了草原退化、沙化的危机中。而草原无序管理甚至是事实上的管理真空的出现，以及过度集体化导致的不良后果又在不适宜的理论指导下，为日后更加偏离草

---

❶　中央人民政府政务院批转民族事务委员会第三次（扩大）会议. 关于内蒙古自治区及绥远、青海、新疆等地若干牧业区畜牧业生产的基本总结. 内蒙古党委政策研究室等编印，转引自内蒙古畜牧业文献资料选编：第一卷（综合）. 1987（3）：19－20.

原生态环境条件的政策和制度的制定奠定了基础。

第二节　蜕变出的新牧民

自新中国成立以来，内蒙古牧区的人口一直呈增长趋势，截至 1953 年，内蒙古牧区人口由 1947 年的 22.8 万人增加到 32.4 万人。而大量的持续增长则是在 1953—1961 年之间，陈巴尔虎旗的人口从 1953 年的 6324 人猛增到了 1961 年的 43403 人，当时增加的绝大部分是从外地流入的汉族人口。1953 年，陈巴尔虎旗人口 6324 人，其中蒙古族 3512 人，占总人口的 55.53%；汉族 1988 人，占总人口 31.44%。到 1964 年，全旗总人口 33687 人，蒙古族 7520 人，占总人口的 22.3%；汉族 21882 人，占总人口的 64.9%。9 年时间内，汉族人口在总人口中的比例上升了一倍多，而人数净增近两万人。哈日干图苏木所增加人口的流出地主要是黑龙江、辽宁、吉林、河北等地，流出原因主要是逃荒、逃难，当时称为"盲流"。牧区人口在短时间内大量增加，和当时的人口政策及草原权属有直接的关系。1947 年内蒙古自治区建区后规定"草场归蒙古民族公有"，但这一制度很快便失去了实际的意义，转变成实际上的全民公有。关于这期间的草原产权制度的演变过程没有更确切的资料来证实，从现在能看到的资料中可得知，最晚到 1960 年时已经改为"草原是全民所有"。这里所指的"全民所有"没有具体的产权人，草原变成了事实上的开放地，而这段时期也成为内蒙古牧区史上最大量外地人口流入时期，陈巴尔虎旗人口的增长在 1960 年达到了顶峰，仅一年当中增加的人口数便达到了 17477 人。但是与当时流入内蒙古自治区的多为农业人口的情况有所不同，这些流入陈巴尔虎旗的外地人口并没有以土地为生计，而是在集体经济时代结束后都转向了畜牧业。只是这些新转变的牧民与当地蒙古族牧民有很大不同，其经营畜牧业的理念和模式仍然带着浓重的农耕文化色彩，而这些人的到来，也成为日后哈日干图草原生态重大变迁的序曲。当时昂格日图苏木将所接受的 30～40 户流入人口编入了五队，这五队便是后来昂格日图等三个嘎查从昂格日图苏木分出单独成立哈日干图公社时的哈日干图嘎查的前身。当时生产队掌管牧民户口，这些流入人口的户籍关系可随时上亦可随时废。1962 年陈巴尔虎旗大量清理外来人口时编入五队的这些人口中大多数都被清回原籍，但后来的两年内大部分人又回流到陈巴尔虎旗，并有绝大部分人办理了正式的户籍迁入手续成为新成立的哈日干图公社哈日干图嘎查社员，当时的哈日干图嘎查约有 30 户社员，只有 BMB 一户是陈巴尔虎原住蒙古族牧民。

外来人口大清理之后，哈日干图公社的人口仍然每年都在增加。20 世纪 70 年代初，陈巴尔虎旗开始兴办社队企业，以机械修理、皮毛加工和简单生产用具的生产为主，到 1979 年，全旗乡镇企业有 9 家。因为从外地流入的汉族人口不懂畜牧业，而这些人当中工匠相对多，因此组织 10 余户汉族人口成立了哈日干图综合社（当地人称手工业社），以皮毛加工等手工业作坊为主。当时的主要产品有蒙古包毡子、毡疙瘩（用整体毡子定型制成的靴子，是当地冬季户外活动必不可少的御寒用品）、勒勒车，柳条、芦苇等的编织品（如筐、扫帚等），呼勒（当地牧民用的收容日常用品的箱子，可放在蒙古包外，不怕雨淋）。产品一部分销往海拉尔和巴彦库仁，以及附近的完工、陵丘、嵯岗等地，但销量有限。20 世纪 80 年代，在全国性兴起兴建乡镇企业热时陈巴尔虎旗也大力鼓励乡镇企业的发展，短时间内成立了多家企业，到 1990 年，全旗有乡镇办企业 14 家，此时原来的以手工业为主的社队企业基本都已解散，新兴的企业主要有乳品厂、砖厂、酱菜厂、小煤窑以及草站（即商品草贸易企业），哈日干图嘎查于 1991 年成立了草站，由嘎查集体管理。当时嘎查领导人向旗政府和苏木政府递交申请，经两级政府同意审批了属昂格日图嘎查的一片 2 万亩草场为该草站的打草场。草站获得农业合作社贷款 8 万元，社员❶集资 5 万元，与呼伦贝尔牧业机械站商定让利合作协议。不过草站的运营并不顺利，第三年又发生一起重大安全事故，随后不久便宣布解散了。

---

❶ 1990 年哈日干图公社即已改为哈日干图苏木，但当地人至今仍习惯称嘎查集体成员为社员，此处及下文中均按当地习惯称呼。

哈日干图综合社因连年无利而于 20 世纪 80 年代初解散，旗政府将原哈日干图公社牧场 WL 等 6 户和综合社 15 户的人口合编，成立了巴彦陶海嘎查，并在海拉尔河流域分出 8740 亩草场作为嘎查放牧场使用。但这个新成立的嘎查在 1986 年又与哈日干图嘎查（原五队）合并，称哈日干图嘎查，因为当时上级政府规定牧区不许有自由人，即不许有没有加入生产队的人，所以将已入户籍的全部人口都按户编入哈日干图嘎查，此时的哈日干图嘎查成员已达 88 户（2009 年访谈）。

图 3 - 6　定居点附近的沙地路（摄影 乌尼尔）

因为社员的来源特点，五队的集体经济直到 1984 年农区联产承包开始，都不是以畜牧业为主的。当时五队除去社员自留畜后的集体牲畜有马 110 匹、牛 140 头、小畜 3717 只。当时一只羊 9.6 元作价，以 15～20 年为限，但事实上这部分钱大多没收回来。这些牲畜显然不足以维持 66 户社员、250 余人（1984 年草畜双承包时巴彦陶海嘎查尚未并入五队）的生活，当时的五队社员中大多数人从事打鱼、种菜园、做小生意或其他小手工业。按老队长的话说，当时的情况就是："以牧养副、以副养牧，倒买倒卖。"集体资产承包到户，五队因为集体牲畜少，给社员分了归五队管理的水泡子（水面较小的湖泊）。❶ 这些水泡子在集体经济时代为五队获得了大量的经济利益，使五队成为该公社最富有的生产队。按当时的劳动力价格，五队成员每个工分可分得年终红利 4 角钱，而当时的昂格日图队每个工分只能分 1 角 8 分。然而，连续几十年打鱼而未加投入，到承包到户时这些泡子的水产产量已大不如以前，1986 年，时任五队队长的 ZWL 向公社打了份报告，请求五队转向畜牧业，后经政府同意，自此这部分人正式成为牧民。

同时代，昂格日图嘎查成员为 48 户、180 人，宝日罕图嘎查成员为 31 户、210 人。这个"后来居上"的新嘎查户数和人数都已超过了昂格日图、宝日罕图两个嘎查的总和。到 2008 年，三个嘎查的成员户数分别是：昂格日图嘎查70 户，宝日罕图嘎查 44 户，哈日干图嘎查 126 户。

第三节　公地时光

一、定居点上的人和畜

1962 年，哈日干图单独成立公社后，在滨洲铁路赫尔洪得站建立公社行政办公地点。20 世纪 50 年代的这个小火车站只有几间土房，除 30 来户铁路职工及家属和少数汉族人口之外，没有其他常住人口。1958 年五队成立后在此建了生产队队部，五队除专司畜牧业生产的少数社员以外的人口在这里盖房定居，而到 1962 年公社成立后才逐渐有蒙古族职工等入住。1971 年 5 月，原完工供销社所属赫尔洪得分销店改建成赫尔洪得供销社，即哈日干图苏木供销社。1958 年，卫生院成立。1980 年，中国农业银行陈巴尔虎旗支行哈日干图

---

❶ 蒙古族牧民没有打鱼、吃鱼的习惯，20 世纪六七十年代的气候、降雨条件都比现在好，湖水水量足，各种鱼的产量很高。因此五队的外来人口初到陈巴尔虎旗时多靠打鱼为生，每天用火车将鱼运到海拉尔去卖。后来政府为解决这些人的生计问题，将嵯岗至完工之间的水泡子全部分归五队管理，收益也归五队。

营业所成立。

图 3 - 7　定居点的铁路及周边景观（摄影 朝乐门）

　　昂格日图嘎查和宝日罕图嘎查的队部分别在公社办公地往南 22 千米和往北 4 千米的地方。集体经济时代，内蒙古自治区推行定居游牧，在各牧业旗的嘎查队部（新建定居点）建立卫生所、小学等公共设施，老人和孩子在定居点生活，其他人口从事游牧。

　　在公社中心定居下来的人口依托铁路的便利条件，开始迅速地增长。从 1990 年的数据可以看到昂格日图、宝日罕图、哈日干图三个嘎查的总人口为 992 人，但全公社的人口为 1412 人，除去政府、学校、供销社等机关单位的工职人员约 120 人以外，多出来的近 300 人便是流动人口，即当地所谓的"三不管"❶ 人员。因为当时五队❷的成员基本上都是外来人口，不懂当地畜牧业

---

　　❶　非居民、非社员、非职工，此类人称为"三不管"人员，意即当地政府、生产队（嘎查）、机关单位都无法进行管理的一部分人。

　　❷　虽然昂格日图苏木的五队在哈日干图苏木成立后改为哈日干图嘎查，但当地人至今仍习惯于称这个嘎查队员为"五队"，这在一定程度上也表现出了这部分人与当地原住牧民间在文化融合上的难度，因此在文中笔者也保留了访谈人的语言方式。

生产，尤其养小畜必须走"敖特尔"，难度更大，因此生产队4183头（只）牲畜中大畜占了570头（匹），这个比例比其他两个嘎查的畜群中大畜比例要高得多。1956年开始，扎赉诺尔乳品厂在哈日干图设奶站收购鲜牛奶，五队为出售鲜奶方便，牛群常年在队部（即公社定居点）滞留，只有在冬天停止鲜奶出售后部分社员才会带着牛群迁往河套的完工塔拉草场过冬，这种情况直到现在也没有改变，而且在定居点过冬的牛群数量越来越多了。完工塔拉草场面积16800亩，原来是宝日罕图嘎查冬营地，1984年划分嘎查草场界线时按84户×200亩的标准分给哈日干图嘎查。因为哈日干图嘎查成员几乎全部是外来人口，在当地本没有草场，划分嘎查草场时的集体牲畜数又很少❶，因此该嘎查的草场划分问题随着牲畜数量的增多一直争议不断。集体牲畜承包到户后的20年内哈日干图嘎查的牲畜数量快速增长，2006年已达到牲畜总头数16154头（只），其中大畜2550头，小畜13604只。这2550头大畜常年在定居点。而在定居点上的牲畜还远不止这些。上段中所说过的各机关单位的职工和流动人口以及200余人的铁路职工均为公社定居点上的常住人口，按内蒙古自治区的规定，公职人员不许分草场，但在牧区工作的机关职工多多少少都会养一些牲畜（以牛为主）以贴补工资收入；铁路职工不归当地公社管理，自然没有草场使用权，但他们也会在定居点上养一些牲畜以获收益；流动人口也没有草场，但也要养牲畜维持生活，发家致富。2002年，这三部分人养的牲畜有416头牛、40余只山羊、120只绵羊，这些牲畜因为没有"合法的"草场，所以也要靠定居点周围的草场来维持生计。❷ 除此之外，牲畜承包到户时一位G姓社员承包了300只羊，并在离定居点10千米处盖了房子长期定居放牧。1989年，他承包的羊群已增长到800只，但其房子周围的草场已大面积退化，公社林业部门将其房子北侧退化严重的草场用围栏围了起来，但因各种原因，人畜并没有从那片草场上迁出去。后该牧民多次违规将羊群赶进围栏内放牧，终于在2004年让他限期迁出，迁出时的羊群数量已达2000余只。后该

---

❶ 当时嘎查草场的面积是按人6畜4的比例划分的。
❷ 这些牲畜并不被计入当地畜牧业统计数据里，只是按头数实施牲畜防疫和收取防疫费。

牧民一次性以 15 年 50 万元的价格租用了昂格日图嘎查 2 万亩草场，租金尚不足 1.7 元/亩·年。

二、被啃食的中间地带

哈日干图苏木在地图上呈南北狭长、中间略宽、两头稍尖的形状，昂格日图嘎查、公社定居点（哈日干图嘎查）和宝日罕图嘎查由南至北依次排列，哈日干图嘎查定居点的位置居中偏北。哈日干图苏木建立时政府划出 2 万亩地作为苏木办公地点的公用地，除去建筑、道路和住户占地之外，这 2 万亩地基本上没有什么可用草场，也就是说定居点上的牲畜要想放牧吃草，必然要往南占用昂格日图嘎查，往北占用宝日罕图嘎查的草场。哈日干图嘎查虽然分得了草场，但因为队里的人都是定居的，大畜也就要跟着人定居。因此 20 世纪 90 年代到 21 世纪初，每年平均至少有 2500 头牛和 1000 只小畜终年在以定居点为中心，半径约 10~25 千米的草场上啃食。

2004 年陈巴尔虎旗退化、沙化、荒漠化草场调查数据表明，呼和诺尔镇是该旗草场"三化"最为严重的苏木镇，而原哈日干图苏木❶政府所在地的定居点正是该镇沙化最严重的地区，以定居点为中心，半径 5 千米范围内赤沙连天。位于定居点北部的宝日罕图嘎查完全沙化的 1/3 面积草场全部在与定居点相连的区域。2004 年呼和诺尔镇、东乌珠尔苏木、西乌珠尔苏木沙地面积为 153 万亩，露沙面积为 205 万亩，原有的固定沙丘和半固定沙丘变成流动沙丘。哈日干图苏木定居点东北、西北，东南部的 20 余座房屋被风沙掩埋，主人或弃房搬迁，或另盖居所，原当地小学校的两排教室被沙子埋了一半，后被拆卸后将材料另作他用，2008 年笔者再去调查时，学校的原址已经荡然无存，留下的只有满目黄沙。

---

❶ 2001 年撤乡并镇时合并入呼和诺尔镇，即原呼和诺尔苏木。

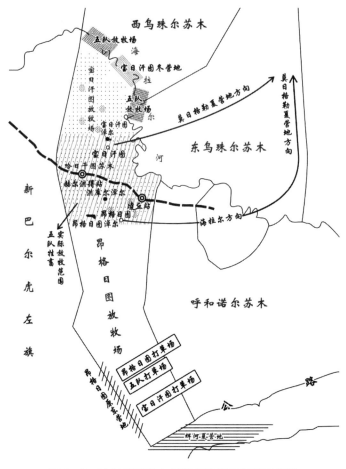

图 3 - 8　哈日干图苏木各嘎查草场实际利用情况

资料来源：2010 年笔者根据陈巴尔虎旗地图及哈日干图各嘎查草场分配图自绘（电脑转绘：乌云塔娜）。

　　定居点东部及北部，即宝日罕图嘎查界内的草场沙化比定居点南部的更为严重。20 世纪 70 年代初，陈巴尔虎旗在原昂格日图苏木夏营地建立国营农牧场，并因此而改变了哈日干图牧民延续多年的夏季"敖特尔"路线。划分嘎查草场界线，牲畜承包到户后因夏营地人畜饮水纠纷、途中围栏阻路以及家庭为单位的畜牧业经营模式导致的迁徙能力下降等因素，宝日罕图嘎查的牧民自1984 年便结束了远场"敖特尔"生活，改在位于公社定居点往北 6 千米处的宝日罕图淖尔草原过夏。宝日罕图淖尔分东、西两个泡子，湖中心有大片的芦苇荡，夏季来临时犹如一个大大的绿色岛屿，风过时绿浪翻滚，煞是怡人。宝日罕图淖尔是多种候鸟的栖息地，每年都会有南来北归的天鹅在这里停留10天至半个月，届时天鹅落满湖面，雪白的脊背、高傲的脖颈，显示着无比的高贵。因为天鹅是巴尔虎蒙古人的图腾，因此当地人从来不伤害它们，这片湖水养育了无数草原儿女，滋养了一代代蒙古人的畜群和草原上的野生动物。但是，在20世纪90年代以后，宝日罕图淖尔的命运变得让人堪忧，环境危机一日甚于一日。宝日罕图淖尔是个咸水湖，湖周围有较大片的盐碱地，因此这里是该嘎查牲畜盐场之一，牧民在春夏秋三季来湖边让羊群舔食碱地，补充盐分，尤其是在春季，牲畜摄取足够的盐分才能顺利地脱毛换装。不过因为宝日罕图淖尔处在丘陵地带的中心，夏季比较闷热，且湖周围土层极薄，牲畜践踏后很容易使沙层裸露，不适宜畜群长期滞留，所以这个区域在以往只作为碱源地和少数劳动力不足的家庭作为春营地接羔用。遭遇失去远场"敖特尔"连锁反应的宝日罕图牧民，在无力远涉的情况下，1984年以后便无奈地选择了这里作为他们的夏营地。尽管宝日罕图嘎查的牲畜比昂格日图嘎查少近一半，但本来就因为定居点上日益增多的牛羊而不堪重负的这片草原，一年当中又要多承受3个多月的夏营地畜群，以湖为中心的草场加速了早已开始的沙化过程，如牧民HBGT所说的："曾经扔一块羊肉都不会沾土的草原变得寸草不

图3-9　宝日罕图湖水面缩减后露出的芦苇根（摄影　乌尼尔）

生。"（2008 年访谈）

三、公地时光

一般来说，人们从两个方面分析认为有价值的物品：一为排他性，二为竞争性。❶ 排他性指的是限制潜在受益人使用或受益于某一物品的能力。可以通过物理手段来实现，比如修建网围栏；也可以通过非物理手段来实现，比如通过实施社会性的限制。竞争性指的则是这样一种说法，即一个人对某一资源的消费使得下一个人不能得到并使用这一资源。例如，如果一个牧民在某一片草原上放牧，他的牲畜所消费的牧草就不能提供给下一个牧民的牲畜。问题在于，人们使用资源的上述两种属性，即排他性和竞争性对资源进行简单笼统的划分，却不去考虑这些资源是自然供应的还是人类创造的。国外有学者用此种分类方法将资源（或物品）划分为四个类别：私人物品、公共物品、公共池塘物品和俱乐部/收费物品。私人物品有强烈的排他性，而公共物品正好相反。渔业资源、野生动物、草原和森林则是典型的公共池塘物品，这些资源本身具有资源流动性大、面积大等特点，因此使得此类资源很难具有排他性，但却具有较强的竞争性，这对于公共政策而言会造成一种两难境地。因为这类资源很难排他，所以通常会拥有多个使用者，甚至包括未得到授权的使用者，又由于这些资源是竞争性的，各种用途之间和获得渠道之间常常会有竞争。这是公共池塘物品面临可持续管理和使用的挑战的最主要原因，也是公地悲剧理论产生的事实基础。哈丁和公地悲剧理论的支持者试图证明，对公共池塘物品赋予私有财产权，能够促进减缓资源的过度利用，减少供应不足。对公共池塘物品赋予财产权，明确资源的"所有者"，能够解决排他性的问题。通过禁止未经授权的使用者或所有者以外的人使用资源等方法来解决排他性问题，那些拥有使用该资源授权的人就有动力去进行投资、发送资源状况，因为他们预期未来会由此得到相应的收益，这又解决了资源获利的问题。但是要解决公共池塘资源

---

❶ 国际草原大会. 草原牧区管理——核心概念注释［M］. 北京：科学出版社，2008：161.

的排他性，需要付出昂贵的代价，❶ 显然这并不是解决问题最适合的方法。公地悲剧论者在竭力推崇私有产权对解决公共资源问题的有效性的同时回避了一个问题——为什么公共土地的使用延续了许多世纪？

图3-10　丘陵地带里的水泡子，这些水泡子是定居点上的牲畜在夏季里的主要饮水源

　　这个同样也是笔者在开始这项研究时便在思考的问题。呼伦贝尔草原作为目前内蒙古仅存的两片天然草原之一，❷ 其存在现状岌岌可危，但与其他三大草原，尤其是乌兰察布草原和鄂尔多斯草原消失的原因有所不同，尽管呼伦贝尔草原开垦面积长年呈上升态势，但相对于科尔沁地区和西部两盟的情况来讲，开垦草原并不能构成草原退化的主要原因。尤其在本书田野点哈日干图苏木，因为地形多丘陵、土层过薄、降雨量太低等原因，实在没有条件开垦，可是因自然条件的限制而有幸逃过铁犁之劫的这片草原，却仍然没能逃过沙漠化的噩运，在短短几十年内成为该旗沙漠化、退化最严重的地区。望着满目的黄

<hr>

❶　围栏，是目前大力推广的为内蒙古牧区天然草场资源解决排他性问题的举措。围栏是用铁柱和铁丝网将草原围起来，每捆细铁丝网的价格在两三百元，质量好的粗铁丝网每捆四五百元，大约每万亩草场需要的铁丝网成本在五六万元。铁丝网需要常年维修投入，包括每年新购铁丝网费用和按照每捆七八十元支付的维修工钱。

❷　内蒙古原有五个天然草地，由东至西分别是呼伦贝尔草原、科尔沁草原、锡林郭勒草原、乌兰察布草原和鄂尔多斯草原，而现在呼伦贝尔草原和锡林郭勒草原是仅存的两片天然草原，其余的都在过去的300年间先后消失了。

沙，翻看这个苏木 60 年的资料，聆听一个个访谈人的诉说和回忆 20 多年来目睹的变化，笔者逐渐意识到锦鸡儿草原剧烈变迁开始于那一段公地时光。

对于哈日干图的原住牧民来说，1958 年出现的新嘎查和陌生的来客，是个让他们尴尬的新事物。这些人语言、服饰、习惯、吃、住、行都和他们不一样，但以后却要与他们共享这里的所有自然生态资源。而最尴尬的却是，这些人与他们生活在同一片草原，却不守同样的规矩。

蒙古人的社区，有其共守的行为规则和相同的价值观，整个社区受同一种文化的熏陶和约束，受其规范，并因此而凝聚成一体，即使是政府指派的领导人也都是从当地社区中被推选出来的。例如，走"敖特尔"，如有懒惰的牧民想偷懒不走远场，必会受社区领袖或长者斥责，并从此受其他人嘲笑和排斥，这样的耻辱在社区内会被传扬很长时间，但这些新来的人却完全不受这些约束，他们不走敖特尔，不喝奶茶，不食奶食，甚至不吃羊肉。这些人到来后哈日干图首次出现了菜园、猪圈。他们养牛挤牛奶，不是为喂牛犊或在春季喂养孤羔，不是为自己做奶食品，而只是为了卖钱。❶ 他们可以卖掉还没有断奶的牛犊，可以采一大把野花只为拿着把玩然后再丢掉，可以用大篮子将芦苇丛中的大雁蛋、天鹅蛋捡得一个不剩，任大鸟在空中盘旋悲鸣。他们所有的东西都与原来的人们不同，相同的只有一点——他们养的牲畜和牧民养的牲畜分享同一片草场。一个人在任何特定情形中的行为选择，取决于他如何了解、看待和评价行为的收益和成本及其与结果的联系，而这些结果也同样有着复杂的收益与成本的关系。❷ 上节中提到的 G 姓社员在同一片草场上长时间放牧大量的羊

---

❶ 蒙古人崇尚白色，视乳汁为最纯洁神圣之物，因此认为乳汁是用来养育生命的，而不是用来交易的。2008 年发生全国性的乳品安全事件，牧民当中有人重提此旧训。尽管对乳品安全事件的原因作这样的解释完全没有科学依据，但反映了蒙古民族畜牧业生产的目的，以及对所从事产业的态度，基于相同原因而产生的矛盾，在畜牧业资本化、市场化和传统畜牧业的博弈中亦屡见不鲜。

❷ Radnitzky, G. *Cost - Benefit Thinking in the Methodology of Research*：*The "Economic Approach" Applied to Key Problems of the Philosophy of Science. In Economic Imperialism. The Economy Approach Applied Outside the Field of Economics*，eds. G. Radnitzky and P. Bernholz，pp. 283 - 33 1. New York：Paragon House. / Stroebe，W. and B. S. Frey. 1980. *In Defense of Economic Man*：*Towards an Integration of Economics and Psychology*. Zeitschrift fur Volkswirtschaft und Statistik 1987，2：119 - 148.

群而不走"敖特尔",环境的变化是包括他本人在内的所有人都看得到的。但在当时的制度和文化环境中他的行为却不会引起同一资源环境中其他成员的抵制——同为外来人的其他五队成员视其为自然,❶ 蒙古族的文化约束又对这群人不起作用。从法律权利来讲,当时法律规定草原为全民所有,意即所有中国公民都对草原拥有所有权,外来人和原住民在草原资源面前法律地位是平等的,因此反对 G 姓社员驻牧的当地牧民并没有权力干涉。唯一可能对其行为起限制作用的是政府,但这唯一的权威管理出现缺位时,他的这种行为以及其他社员常驻定居点过度放牧或者任何人对草原的任何行为便没有阻碍了。当国家宣布对看起来空闲或管理不善的草原拥有所有权时,相关的草原资源就国有化了。如果政府不具备对这种草原进行积极管理的能力,这些国有土地实际上就会变为开放进入的土地,公共资源的所有者们就失去了公共产权。所谓公共产权指的是特定资源归多个资源使用者集体使用和管理,包括排除外来成员使用的权力。"不界定公共资源的边界,不能限制'外来者'的进入,当地占用者就面临着他们经过努力创造的成果被未作任何贡献的其他人所获取的风险。……最糟糕的情况是,其他人的行动可能毁掉公共池塘资源本身。"❷ 可持续公共资源管理模式的成立条件显示,群体成员资格对其中的每个个体的意义非同小可。草原产权制度的变更,让草原公共资源的原使用者——原住牧民——没有了限制外来者、界定公共资源边界的权力,而公共资源的"排他性",即排除外来成员使用的权力无法得到保障,这是资源安全的一大缺漏。此阶段的草原公共资源占用者已经没有了管理草原资源的事实上的法律权力,原有的民族文化中的草原管理制度没有了实施对象。这也是原住牧民第一次遭遇对群体内成员资格毫无控制能力的境地。

　　"我们知道文化的概念至少包含三种不同现象:物质的,也就是生产制

---

❶　从文化学的角度来看,所有外来者都是来自农耕文化区的,他们不了解、不认同游牧文化,亦不受游牧文化的约束。对他们来说,在一个地方不移动地连续放牧和常年耕种同一片农田或在一处院子里常年养鸡、鸭、鹅是一样的,并无不妥。

❷　[美]埃莉诺·奥斯特罗姆. 公共事物的治理之道——集体行动制度的演进 [M]. 余逊达,陈旭东,译. 上海:生活·读书·新知三联书店,2000:145.

品；运动的，也就是显在行为（因为这必然包含运动）；心理的，也就是被一个社会的成员所分有的知识、态度和价值。"❶ 拉尔夫·林顿还认为："个人人格发展的形态受文化的决定，这句话的意思是说，其形态受其与文化类型的接触得到的经验决定。"文化不仅能提供给他改变角色的范本，并且可以保证这些角色就整体来说与其深层次的价值体系相调和。而不同文化之间不调和的结果，可以从我们社会中的许多适应文化情况急速变迁的人中得知。文化的急速变迁以及不同文化之间的不调和，改变的不止是语言、文字、服饰这些表层的文化现象，更重要的改变出现在文化的承载人价值观层面。

金融行业中，将持票人以没有到期的票据向银行要求兑现，银行将利息先行扣除所使用的利率，或未来支付改变为现值所使用的利率称为贴现率。资源占用者不计资源的未来使用价值而在当前消耗掉未来资源的一部分或全部，其提前消耗的部分即是资源占用者的资源贴现率。如果潜在的占用者很多，对资源单位的需求很高，允许这些具有破坏性的潜在占用者从公区池塘资源中任意抽取资源单位，就可能把占用者的贴现率提高到100%。贴现率越高，就越可能出现所有参与者都以过度使用公共池塘资源作为支配策略的"一次性博弈"的困境❷。1984年之后，作为草原原住民的宝日罕图嘎查牧民决定将夏营地移到已然艰难维持的公社定居点附近草场上的行为似乎不难理解。

完全不同的文化背景，让原住民和外来者在草原生态环境中的行为方式和思维方式产生严重的隔阂，加之20世纪六七十年代政治环境风云变幻中彼此之间没有信任、没有有效沟通而且基本上没有培养信任和沟通的土壤，来自农耕地区的外来者即无法理解对于降雨量低于300毫米的草原地带游牧文化所起的作用和存在的意义，也无法承受游牧生活的漂泊无定和艰辛，这与农耕文化重"定"求"稳"和普通民众"老婆、孩子热炕头"的理想生活相去甚远。

---

❶ ［美］拉尔夫·林顿. 人格的文化背景——文化、社会与个体关系之研究［M］. 于闽梅，陈学晶，译. 桂林：广西师范大学出版社，2007：35.

❷ ［美］埃莉诺·奥斯特罗姆. 公共事物的治理之道——集体行动制度的演进［M］. 余逊达，陈旭东，译. 上海：生活·读书·新知三联书店，2000：146.

　　尽管哈丁的公地悲剧理论运用了纯粹的经济学中利益最大化的观点，而忽略了不同民族、社会、文化对公有资源的利用不同，但在一定的范围和时间中，其理论是有效的。"特别是当一些从不同生态文化区迁入的移民等，对于资源的利用与当地的社会文化传统有着本质上的不同，加之一些移民缺乏对当地资源的'家园'的概念以及经济利益的驱动，导致了'公有地的悲剧'。"❶如我们所看到的哈日干图的故事里，原住民和大量涌入资源区的外来者对草原生态的理解和态度都完全不一样，蒙古族游牧文化的资源管理方式和对资源占用者的文化约束力对外来者无法起作用，时行的草原管理政策代替了蒙古族社区原有的资源管理方式，但因其有效性和可操作性的缺失，让草原资源管理出现了事实上的缺位——谁说了都算，同时谁说了都不算，谁也管不了谁。这种管理的缺位让原住牧民和外来者的资源贴现率都非常高，导致了事实上的"公地悲剧"。说到这里，我们已经发现集体产权的"公"和公有产权的"公"是不一样的，公地悲剧在集体产权中不见得会出现，往往是在一种公共产权——事实上的管理缺位状态——中才会出现。

　　个人对较远未来的预期收益评价较低，而对近期的预期评价较高。换句话说，个人如何对未来收益进行贴现，取决于若干因素：个人是否期望他们或他们的孩子能获得这些收益，他们是否在其他环境中有更快获取投资回报的机会，都影响他们考虑问题时对时间跨度的设定。对于哈日干图新增加的外来者来说，到这个地方只是为躲避在人口流出地遇到的各种不利因素，对多数人来说，这里只是个可能的落脚点，这部分人的家庭、亲戚关系和社交网络都在流出地。原住民要在当地社区里用品行、能力、为人处世来赢得在群体当中的地位和积极评价，注重荣誉的心理自然地形成了对行为的约束力。但外来人口需要的是"输送回去的荣誉"，他们的荣誉感来自流出地群体的评价。为此他们努力在老家盖房子，购置产业。即使在此地生活了30余年，但到全国联产承包开始时，一部分人还是通过各种渠道在老家分到了土地，孩子也送回老家上

　　❶　麻国庆．"公"的水与"私"的水——游牧和传统农耕蒙古族"水"的利用与地域社会［J］．开放时代，2005（1）．

学，很难想象这些人会拿哈日干图草原当作自己的家。他们这一代人都并未打算在这里养老，更遑论他们的孩子？不过在下一代逐渐成长起来后，局限于经济、教育等诸多因素的限制，很多家庭的孩子都留在了哈日干图继续从事畜牧业，但是在他们终于把草原当成自己的家，并逐渐认同蒙古族的畜牧业规则，在一定程度上服从于蒙古族游牧文化的约束时，草原又发生了更大的变化——"双权一制"开始了。

第四章

草原的困境

竭泽而渔，岂不获得？而明年无鱼；焚薮而畋，岂不获得？而明年无兽……后将无复，非长术也。

——《吕氏春秋·孝行览》

第一节　草牧场承包与资源重新分配

1954年到60年代初，时任国务院副总理的邓子恢多次提出实行以"包"为核心的农业生产责任制，但都被严厉批判。1977年春天，安徽固镇县等地对部分作物实行包产到户，到1980年安徽实行包产到户的生产队增加到70%以上，全国20%以上的生产队实行了"双包到户"。1979年4月，中央批转国家农委党组报送的《关于农村工作问题座谈会纪要》，一方面肯定有条件地允许社员自愿实行生产责任制，不强求划一；但另一方面，又认为"包产到户和单干没有什么区别，是一种倒退"，强调必须保持人民公社体制的稳定。这些显得有些自相矛盾的认识，实际上反映的是当时党内对承包责任制认识上的

101

分歧。到了 1979 年 9 月，中央政策放宽，肯定了"包产到户"的做法，但也明确提出不能"瞎指挥和不顾复杂情况的'一刀切'"。1980 年 9 月，中央召开省、市、自治区党委书记座谈会，下发《关于进一步加强和完善农业生产责任制的几个问题会议纪要》，肯定联产承包责任制的同时指出："责任制可以不拘泥于一种模式，不可搞一刀切，……在建立健全生产责任制的工作中，违背当地群众愿望强行推行一种形式，禁止其他形式的做法是错误的。"❶ 1982 年 1 月 1 日，中共中央以 1 号文件的形式，转发了《全国农村工作会议纪要》（以下简称《纪要》）。《纪要》共分五个部分，共计 25 条。《纪要》中有五个观点特别重要和突出：一是认为到 1981 年年底农业生产责任制已普遍建立起来了，大规模的变动已经过去，现在已经转入总结、完善、稳定阶段。生产责任制对打破"大锅饭"，对于纠正长期存在的过分集中、经营方式过于单一的缺点起了重大作用。二是认为目前实行的各种责任制，都是社会主义集体经济形式的生产责任制。不论采取什么形式，群众不要求改动，就不要变动。三是要求在承包责任制中土地承包的政策必须合理，国家职工和干部不承包土地，集体可以留少量机动地备调剂使用，暂由劳动力多的农户承包。社员承包的土地应尽可能连片，并保持稳定。四是要求各地宣传实行"三不变"和"三兼顾"，即土地公有制长期不变，生产责任制长期不变，已确立的土地承包期保持不变；要国家、集体、个人三方面兼顾。五是指出加强乡村基层组织建设，逐步建立各级干部岗位责任制。❷

1980 年 9 月，中央召开省、市、自治区党委书记座谈会，讨论农村改革的问题。会后向全党下发了《关于进一步加强和完善农业生产责任制的几个问题会议纪要》，从理论上对前一时期农村改革的经验进行了总结。该《纪要》充分肯定了联产承包责任制和包产到户的政策，肯定了承包责任制的作用，论述了实行责任制的重要性，要求：责任制可以不拘泥于一种模式搞一刀

---

❶ 中国农业年鉴编辑委员会. 中国农业年鉴（1981）[M]. 北京：农业出版社，1982.
❷ 中共中央文献研究室. 三中全会以来重要文献选编（上卷）[M]. 北京：人民出版社，1982.

切，同时指出："在建立健全生产责任制的工作中，违背当地群众愿望强行推行一种形式，禁止其他形式的做法是错误的。"❶

1987 年，国务院召开牧区工作会议，专门研究牧区经济发展问题。会后，国务院批转了《全国牧区工作会议纪要》，提出了牧区经济发展的方针是坚持以畜牧业为主、草业先行、多种经营、全面发展；牧草是畜牧业的基础，要保护和建设草原，发展草业；要坚持改革、开放、搞活，稳定和完善牧区生产责任制，大力发展商品生产，提高牧民生活水平，促进牧区社会进步。《纪要》制定了牧区经济发展的十条政策措施，其中明确提出："牧区的经济建设，必须从不同牧区、不同民族的特点出发，与牧区社会的整体进步相结合，有步骤地进行。各级领导部门在制定政策时，必须照顾到牧区与其他地区的差异，不要照搬农区的经验和做法。""要根据不同草场和不同自然条件，因地制宜地发展畜牧业。""明确草场管理使用权，允许多种经济形式和多种经营方式存在。"1996 年 3 月，第八届全国人民代表大会第四次会议批准的《中华人民共和国国民经济和社会发展"九五"计划和 2010 年远景目标纲要》把加强草原建设，促进畜牧业发展列入"九五"计划，要求中西部地区发挥资源优势，加快建设畜产品基地，并把依法保护和合理开发草原列为国土资源保护的重要内容。

联产承包责任制在内蒙古西部地区的出现和发展与全国同步进行。1978 年冬，内蒙古呼和浩特市托克托县中滩公社悄悄搞起了"口粮田""责任田"（集体）改革，取得了惊人的效果："口粮田"单产成倍地超过"责任田"。1980 年，中滩公社又由"口粮田""责任田"发展到了"大包干"。1981 年年底，全区农村土地"大包干"已呈"席卷之势"。但在内蒙古东部地区生活水平比西部地区普遍要高，这些地方在联产承包责任制开始初期对承包单干比较抵触，1982 年，当时的自治区领导到呼伦贝尔农区检查工作时当地部分基层领导对承包持坚决反对的态度。❷ 1984 年 7 月，内蒙古自治区牧区工作会议决

---

❶ 中国农业年鉴编辑委员会. 中国农业年鉴（1981）[M]. 北京：农业出版社，1982.
❷ 田聪明. 忆"草畜双承包"改革始末 [J]. 中国民族，2008（4）.

定，在牧区全面推行草原分片承包、牲畜作价归户的"双包制"，即"草场公有，承包经营，牲畜作价，户有户养"，把"人、畜、草""责、权、利"有机地统一协调起来。这就是首先在内蒙古实行，后在全国牧区推行的"草畜双承包"责任制。

在上面的农区联产承包责任制和牧区草畜双承包制度的起始阶段、推行过程中，无论是中央还是内蒙古自治区政府，都一直强调不能"一刀切"，"要根据不同草场和不同自然条件，因地制宜地发展畜牧业"，"不能照搬农区经验"，但是随着联产承包责任制在农区取得成功，让人们忽略了农区和牧区自然生态条件、文化及产业特点的区别，领导急于求成，"大、快、好"的跃进式思维又一次占了上风，认为"把这种'双承包'制全面推行、坚持贯彻下去，就能引导牧民逐步摆脱小生产的封闭状况，突破自然经济的束缚"❶。而在当时，对于这个从农区照搬来的新经验，内蒙古自治区领导的态度有时也显得前后矛盾。如前所说，在下定决心推行草畜承包的同时，也严格强调"归根到底，要按照草原的自然规律和畜牧业生产的经济规律办事"❷。而对于什么是"草原的自然规律和畜牧业生产的经济规律"似乎又认识不清，当时的领导甚至认为"在旧的传统的草原畜牧业经营中，人、草、畜这三大要素，一直处于彼此分离、彼此脱节的状态"❸。这种认识，对于今天无论是游牧业的支持者还是反对者来说都会觉得匪夷所思。或许，脱节的并不是传统畜牧业中的各要素，而是领导干部和基层生产之间脱节了。

李文军等利用邓恩的政策论证模式，对内蒙古牧区实行的草畜双承包责任制进行了详尽的政策分析，得出的结论表明："草畜双承包责任制是以平衡生

---

❶ 布赫. 布赫同志在全区牧区工作会议上的讲话（1984 年 7 月 4 日）. 内蒙古畜牧业文献资料选编第二卷（下）. 内蒙古党委政策研究室，内蒙古自治区农业委员会编印内部资料，502 - 513.

❷ 周惠. 谈谈固定草原使用权的意义（1984 年 5 月），内蒙古畜牧业文献资料选编 第十卷. 内蒙古党委政策研究室，内蒙古自治区农业委员会编印内部资料，245 - 242.

❸ 布赫. 布赫同志在全区牧区工作会议上的讲话（1985 年 8 月 8 日）. 收录于内蒙古党委政策研究室，内蒙古畜牧业文献资料选编 第二卷（下）. 内蒙古自治区农业委员会编印内部资料，547 - 561.

态系统理论为理论基础制定和实施的。"❶ 更确切地说，平衡生态系统理论的应用是在牧户层面上展开的。由此可以推出，"草畜双承包"责任制在内蒙古牧区实施的前提就是：在牧户承包草场面积的空间尺度上，草原生态系统是平衡生态系统，资源时空异质性很小甚至是均质的"❷。而"资源的空间异质性"正是内蒙古草原牧区生态环境最大的特点，"草畜双承包"制度恰恰与此背道而驰。

虽然内蒙古的"草畜双承包"政策 1984 年就开始了，但在第一轮承包中只将集体牲畜承包给了牧民，草场仍以嘎查集体为单位利用。草场承包权和经营权则是在 1996 年以后的第二轮承包时才确权发证，因为是落实草牧场所有权、使用权和实施草牧场有偿使用家庭承包责任制，因此简称为"双权一制"。

第二节　草场·草场

哈日干图苏木三个嘎查的放牧场问题在前章中已有交代，本节所说的"草场"，主要指打草场。

呼伦贝尔地区打储草的历史可上溯到 1732 年，当时清政府从布特哈等地派遣戍边兵丁及家眷 3000 多人驻防呼伦贝尔。在派遣兵丁的同时，按官衔及人口分配给用于扶持生活的牛、马、羊等牲畜。从布特哈地方驻防呼伦贝尔的

---

❶ "草畜双承包"责任制实施后，草场管理主要有两个变化：一是草场划分到户；二是承载力管理。草场按人口和牲畜数量分配给牧户个体经营管理，其主要依据就是这种既承包牲畜又承包草场的"双承包制"，能够使牲畜与草场紧密地结合在一起，把草场的第一性生产和第二性生产有机地连为一体。牧民被赋予如下期望：首先，为了获得第二性生产的高额经济效益，必须考虑第一性生产，在以放牧为主的草原畜牧业经营中，就是大力保护、利用和建设草原，为第二性生产建立巩固的饲草料基地，而这些激励的主要保障就是围栏建设。其次，为了保护第一性生产，牧民必须按照草场承载力控制牲畜数量，避免牲畜过多引起草场退化和第一性生产的减少，实现草畜平衡。

❷ 李文军等. 解读草原困境——对于干旱半干旱草原利用和管理若干问题的认识 [M]. 北京：经济科学出版社，2009：171-178.

达斡尔兵丁730人，牲畜近3万头（只）。达斡尔人未从事过游牧的草原畜牧业，为使其牲畜安全度过呼伦贝尔漫长的冬春季严寒，他们按农区的做法割储青草以备冬春使用，与此同时，海拉尔等地的部分居民及商贩为饲养其牲畜，也少量地打储牧草。但打草量少，开展范围小，仅限于今鄂温克旗及海拉尔地区。

20世纪初，随着中东铁路❶的修通，大批俄侨迁入铁路沿线。这些俄侨带进与呼伦贝尔蒙古族不同的牲畜饲养管理方式的同时，也引进了打储草工具，比如马拉打草机（见图4-1）。正好在当时呼伦贝尔连年下大雪，俄国人的打草过冬方式有了用武之地。《呼伦贝尔》记载："盖蒙人习惯，率多不割青草，故从无事前预留草料以济冬用者。但近数年来以蒙地积雪过深，冰霜满野，先后饿死牛千头，羊数十万只。蒙古始渐破除宗教上之禁令，划分若干有草地

图4-1　20世纪50年代开始使用的马拉割草机（摄影 罗嵩山）

---

❶ 中东铁路是沙俄为了掠夺和侵略中国、控制远东而在我国领土上修建的一条铁路。中东铁路是"中国东清铁路"的简称，因此亦作"东清铁路"、"东省铁路"。1896—1903年，俄国筑，1903年7月14日全线竣工通车。以哈尔滨为中心，西至满洲里，东至绥芬河，南至大连。日俄战争后，南段（长春至大连）为日本所占，称"南满铁路"。民国后改称"中国东省铁路"，简称"中东铁路"。哈日干图苏木政府所在地赫尔洪得（蒙古语"哈日干图"的汉译别名）站是该铁路滨洲段上的一个上水站。

段，交与俄人包割。"这是呼伦贝尔牧区游牧民使用储草和开展打储草生产之始。1937 年，呼伦贝尔收割牧草的地区主要是三河地区及铁路沿线，年产饲草 5040 万千克，其中 1680 万千克在当地消费，3368 万千克作为商品出售，主要运到海拉尔等城镇，并有相当部分作为军用物资。1945 年，呼伦贝尔的储草很大部分被海拉尔等城镇收购，用于军畜和商贩的役畜。牧区牧民打草和使用只占很少一部分，打储草生产未被呼伦贝尔牧区牧民所重视。❶

蒙古族游牧传统中将草原大体分为四季草场来利用，直到公社化之前，内蒙古牧区是没有"打草场"这个概念的，更没有专门划出来做打草场的草原。诺斯和托马斯看来，制度变迁是由人口对稀缺资源赋予的压力增加所导致的。制度变迁不仅会影响资源的使用，而且它本身也是一种资源使用性的活动。打草场的出现以及内蒙古牧区草原利用和管理中专门划分出打草场面积，是草原政策的一大转变，也说明了草场资源正在日益变得稀缺。

1917 年，陈巴尔虎旗引进苏式钐刀❷。1920 年，开始引进欧美式割草机、搂草机，但基本只限于在农业和军事方面使用。20 世纪 50 年代以后，受迁入呼伦贝尔的布里亚特蒙古人影响，当地开始有牧户使用马拉式打草机和马拉式搂草机，但直到公社化运动，呼伦贝尔牧区打草量都非常少。公社化运动后政府大力推行定居游牧，冬季"敖特尔"的迁移次数大幅下降，这就必然地要求配备冬季饲草料，秋季刈草晒干后储备以供冬季牲畜食用的做法由此在呼伦贝尔牧区推行，每年秋季公社里会专门派一部分人去打草，然后拉到队部定居点，属公社集体的工作任务。即使是这样，当时的打草量还不及现在的 2%。哈日干图原公社主任 EDBYE 介绍说："哈日干图从 1962 年开始打集体冬草储备，当时用手刀（钐刀）打，一个嘎查总的打草量按现在的拖车❸算也就有

---

❶ 呼伦贝尔盟畜牧业志编纂委员会. 呼伦贝尔盟畜牧业志 [M]. 呼和浩特：内蒙古文化出版社，1992：235.

❷ 钐刀是一种刀片宽达 10~15 厘米，柄长 2.0~2.5 米长的大镰刀，它是靠人的腰部力量和臂力轮动钐刀，来达到割草目的，并直接集成草垄，是引进机械化打草机之前牧区主要的打草用具。

❸ 该苏木机械化打草，动力用的是各种小型农用拖拉机，刈草用机引式打草机和机引式搂草机，运输则用旧汽车底盘改装的拖车，上面用圆木等架框，一拖车能装 2.5 吨左右的干草。

4～6车，最多不会超过 8 车，当时用牛车或马车拉，大概需要拉个三四十车。那个时候草好，冬季草场草很高很足，牲畜过冬不需要储备太多草。草好，打草也方便，秋天就在放牧场的边缘随便划拉几车，现在连河套、泡子周围都没那么高的草了，更别说是打草场。"（2008 年访谈）

图 4-2　一刀（割草机）一耙（搂草机）式组合打草（摄影 乌尼尔）

图 4-3　654 型拖拉机与三连刀组合（摄影 乌尼尔）

虽然哈日干图苏木从 20 世纪 60 年代已经开始刈草做过冬储备，但没有专门的打草场之划分，直到第一轮草畜双承包开始，划定各嘎查的草场边界，同时也基本划定了打草场。90年代以后呼伦贝尔牧区机械化打草已经普及，因为机械化打草要求地势必须平坦开阔，而哈日干图苏木整体上南部为平原，北部为丘陵，因此该苏木三个嘎查的草场均安排在苏木草场的南部。很巧的是，与三个嘎查牲畜实际放牧场的格局相似，打草场的排列也依然是哈日干图嘎查在中间，只不过昂格日图嘎查和宝日罕图嘎查的位置正好倒了过来，宝日罕图的打草场在苏木最南端，然后依次是哈日干图嘎查和昂格日图嘎查的打草场。

　　1984年，嘎查草场承包到户后各牧户的草场并没有细分，所有嘎查队员在各自嘎查的集体打草场上打草，因为在集体牲畜承包到户的初期牧民的牲畜数量都比较少，昂格日图和宝日罕图嘎查的牧民又没有大量储草的习惯，虽然嘎查打草场已经划分出来了，但畜少草足，草场整体长势情况也要比现在好，所以在"双承包"开始后的近十年里基本没有出现过因打草场而引起的纠纷，各个牧户只按自己所需草量打草。❶ 最先暴露打草场不足问题的是哈日干图嘎查，因为他们的大畜不走"敖特尔"，常年在定居点周围放牧，而持续增加的牲畜头数和一年差似一年的定居点周围草场让定居点上牲畜对冬季草饲料的需求也迅速增长。1991年以后，因为打草场牧草不足，开始出现嘎查内部的草场争夺事件，机械和劳动力多的牧农户就会率先到打草场圈占草场，其他晚到的或劳动力不足的牧农户的冬草就不够了，甚至出现没草可打的情况，因此之后每年秋季哈日干图嘎查都会在社员内部按人口和牲畜数量酌情分配打草场，各牧户丈量，每年8月5日到10日左右哈日干图嘎查社员都忙于丈量草场，都想尽量多分上哪怕半亩一亩。这样，社员之间的草场大

---

　　❶ 正是因为当时的草场牧草比较充足，所以才能分出专门的商品草场，供1986年成立的哈日干图嘎查草站打商品草出口。内蒙古牧区的牛羊和其他省区的圈养牲畜有很大不同，除了冬季天最冷雪最厚的时期以外，春季返青后只要有嫩草了，牛羊就不会再吃上一年储备的干草，按牧民的话说就是"牲畜闻到青草味道了，冬草就没用了"，所以秋天只要把过冬和初春的草料准备足了就可以，打得多费人力、物力就多，而到了春天之后旧草又没有用了，再到雨季就全发霉腐烂了。不过这种情况近十年以来有很大的变化，因为草场退化严重，牲畜在放牧场上吃不饱，所以即使在夏季喂干草牛都会吃。这种情况反过来又刺激了畜主增加打草量的愿望和需要，草打得越多，草场受损就越严重，草场退化又增强了储草的必要，如此形成了恶性循环。

小每年都会引出几起纠纷。1997 年，哈日干图苏木开始实行"双权一制"政策，将草场按 0.15 元/年·亩承包给嘎查队员，当时三个嘎查分到的草场情况如表 4 - 1 所示。

表 4 - 1　1997 年哈日干图苏木草场有偿承包基本情况

嘎查名称	户数	打草场面积（亩）	与冬营地（或定居点）的运输距离（千米）
昂格日图	64	61160	5 ~ 15
哈日干图	98	36336	50 ~ 60
宝日罕图	43	17098	100 ~ 130

数据来源：根据陈巴尔虎旗农牧局统计表整理，2007 年。

虽然打草场都同样地分到户了，但三个嘎查打草场上的情况各有不同。一方面因为哈日干图嘎查社员人数越来越多，1997 年分打草场时为 98 户，2008 年已增加到 126 户；❶ 另一方面，成员增加了牲畜必然要增加，而为获得更大的经济利益，原来的社员所养的牲畜也在增加，所以哈日干图嘎查的打草场已经根本无法满足其成员储草量的需求，他们开始寻求更多的草场。因为这种需要，20 世纪 90 年代初哈日干图首次出现"分成打草"这种方式。所谓分成，就是指打草场富余的牧民，或者劳动力不足自己家人无法完成刈草和运输工作的牧户和没有草场或草场不足的畜主签定协议，前者提供打草场，后者负责刈

---

❶　哈日干图嘎查的成员增加数量和速度在三个嘎查里是最多、最快的。1984 年，昂格日图、哈日干图、宝日罕图嘎查的户数分别是 52 户、66 户、31 户，后哈日干图嘎查和巴彦陶海嘎查合并变成 88 户。之所以增加这么快，一方面是因为哈日干图嘎查成员多为外来人口，到此地拉、帮、带来同乡、亲戚或朋友很多，这些人来到之后通过各种关系落了牧民户籍入了嘎查，就成了牧民，到 1997 年分草场时都分得了一份。另一方面哈日干图嘎查成员普遍孩子多，成家早，而第二轮承包时是单独立户的成员就都有草场，因此同一家的几个孩子可以分别获得草场。从 2001 年哈日干图嘎查打草场分配情况表上可以看出，H 姓社员的 4 个儿子和其本人分别获得草场，共 5 块，类似情况的还有 G 姓父子（叔侄）5 户、X 姓父子 3 户、L 姓父子 3 户、R 姓父子 3 户等。而在 1997 年，草场分配完成后按规定原则上不再吸收新社员，但哈日干图嘎查的成员每年仍在不停地增加，因为在牧区没有草场就意味着没办法生活（或者只能像那些"三不管"那样在夹缝中生存），而想要拥有草场就必须是嘎查里的社员。尽管后入嘎查的成员中有些人并没有分到草场，但只要被纳入了这个集体，就总能有办法谋得一席生存之地，因此后入嘎查的不惜托关系走后门甚至行贿来取得这个社员的资格，其过程中产生的相关人员个人利益也是嘎查成员不断增加的驱动力。2013 年，该嘎查名下的户数是 158 户。（2013 年访谈）

草和运输，❶ 草场主和刈草方一般按 4∶6 或 3∶7 的比例分成。草场主基本上是昂格日图和宝日罕图两嘎查的牧民，而刈草方则是哈日干图嘎查成员和没有（嘎查）生产队的畜主。❷

　　昂格日图嘎查从大集体时代开始，就是个比较大的嘎查，也比较富裕，哈日干图最富有的牧户就在这个嘎查。因为户数和牲畜都比较多，在定居后，尤其是在草场承包到户后，大多数牧民都在所分草场上盖了房子作为冬营地，牲畜冬季已经基本不迁移，冬季草场牧草的不足需要用秋天打储草来弥补，因此从划分嘎查草场开始，这个嘎查的牧民基本上都在利用这打草场。而宝日罕图嘎查户数和人数比较少，平均生活水平和牲畜数量都不如昂格日图。嘎查打草场划分后因为该嘎查放牧场在整个苏木最北部，而打草场在最南部，中间的运输距离在 100 千米以上，而因为牲畜较少，冬营地的生态条件也一直不错，所以除了几户人力、物力比较充裕的牧户之外，很多宝日罕图的牧民直到 21 世纪初都不太利用划分到的打草场，而是在放牧场边缘少量打一些草够冬季和春季接羔时喂小畜就行，大畜则基本不喂干草。因为嘎查里不利用打草场的牧民比较多，在比较长的时间里这个嘎查的草场具体使用人不清，出现嘎查领导和苏木领导各自做主出租打草场获利的情况，后来因为公私多重纠纷，邻近苏木的外来养畜户长时间廉价租用了这片打草场的一部分作为羊群的放牧场。哈日干图定居点上的牲畜常年占用宝日罕图嘎查放牧场，导致该嘎查近 1/3 的草场严重沙化，随着草场的退化、沙化，宝日罕图嘎查本来很富余的草场供应也开始告急，打草场的利用变得必要起来。因此 2001 年，原哈日干图苏木与呼和诺尔苏木合并成呼和诺尔镇之后，经镇政府与租场牧民协商和旗政府出面干涉，将大部分打草场收回（2009 年访谈），宝日罕图嘎查的牧民也开始了大量打储草。不过因为运输距离确实太远，宝日罕图的冬营地在丘陵沙地地带，路

---

　　❶ 是否要运到家，要看双方具体的协议而定，有些只负责刈草而草场主自己负责运输，有些草场主会要求对方将干草送到冬营地，这样草场主的分成比例会更少一点，而对方也往往会在装车量和干草质量上做手脚，如果不是草场主实在没有能力自己运输，一般不会选择这种分成法，因为这样草场主会很吃亏的。

　　❷ 包括前文中提到的"三不管"人员、政府职工、铁路职工等。

况也非常不好，100 千米的路程空车要 4 小时以上，载重车则需要 7 小时左右，而且误车的情况频见，载重车误一次，很可能就要耽搁一夜甚至几天，所以宝日罕图嘎查在收回打草场之后，多数牧民都选择和哈日干图嘎查成员或其他没有打草场的畜主分成。分成的具体条件要看双方投入的机械和劳动力以及草场大小、当年产量等情况来由双方协商。有些牧民自己有能力打草和运输，但尚有富余的草场的，或者自己没有牲畜不需要打草的，会以每亩来定价出让打草场，即招租。打草场租用价格视草场长势和年景而浮动比较大，从比较便宜的 5 元/亩到 12 元/亩不等，近两年也有达到 15 元/亩的。出让打草场的一般按每年的行情定价，一年定一次，即使长年合作的招租牧户和寻租牧户，价格也是按当年行情来商定的。

因为打储草量逐年增加，畜主们对打草场的需求越来越紧迫，草场租用价格也节节攀升，租赁者打草时恨不能把草场上每一根草都搬回自己家畜圈里，而这些问题反过来又严重影响了草场质量。当地打草，都用呼伦贝尔农机公司生产的 6L－6A 型机引横向搂草机和 9GJ－2.1 型机引割草机，这种打草机和搂草机机身比较笨重，对草场的伤害大，尤其是搂草机的搂齿如果调整不当，会将地皮刮一层下来，打完运回畜圈里的草垛里常有被搂草机的钢齿刮出来的土坷垃。租用打草场的人为了不浪费打下来的草，会将搂草的程序重复一遍，这在干旱年份对草场的伤害就更大。开阔草原上多年生禾草种类比较多，上一年的草如果没有牲畜采食，第二年枯草会堆积在植物根部，经过一春一夏的雪融风吹雨蚀，到秋天的时候就会腐烂发酵，成为草地的肥料，补充流失的养分。巴尔虎蒙古语称这种往年的枯草层为"hur hagda"。在草场尚富足的时候，因为总有一些草场是上一年没刈过草的，或是春、夏季时没有畜群停留过，或是放牧压力比较小的，每年打回来的草里就总有很多这种枯草，但自从哈日干图的打草量急速增长，"hur hagda"这个名词几乎就从当地蒙古人的词库中消失了，搂草机扫过两遍的草场上何来上年枯草？打草场上不会留一寸未刈割的草地，早年打完草的地方会很长时间都弥漫着草香，现在打完草的草场只有一片尘土弥漫。近年来，牧民们甚至将放牧场上的草也刈割下来做干草储备，因为草场退化越来越甚，草的高度越来越低，冬季头一两场雪就能把草盖住，所以只能在尚能收割的时候将其割下储备过冬。

因为连年打草量太大，为了保证草籽成熟落地的时间，旗政府每年视雨水情况和草场的整体长势定出下草甸（开始打草）的时间，一般都在8月5日左右。但在内蒙古干旱半干旱自然生态条件下，资源匀质度极低，每片草场的生长、成熟期都会有很大的差别，统一定出的时间，往往不能保证草场草籽的成熟落地。尽管旗畜牧部门会要求留出草籽带，但在草场日益紧张的现状下，这样的要求也多是流于形式，起不到实际约束作用。最先下草甸打草的当然是打草场的租赁人，他们往往会选择先打租来的草场，然后再去打自己名下的承包草场。因为租来的打草场都是真金白银换来的，而草场明天会怎么样则不关租赁人的事，所以租赁人唯一的目的就是赶在下雪前或是下秋雨前将所租草场上每一根草都搬回家。草场未承包到户时，因为当时牲畜较现在要少，打草量也少，尤其是昂格日图嘎查和宝日罕图嘎查的嘎查成员打完草后因为打草量不大，集体打草场上尚能余出不少面积的草场，这些草场或用作冬季雪大时的机动放牧场，或就留作休养生息，对于当地畜群越冬或草原生态循环都有很大的益处。草场承包后每片草场都有主人，自己打不完的牧民宁可廉价卖给租赁人也不会空留着，其中当然也有牧民对草原政策信心不足等原因，这个将在下章中专题讨论。总之，如牧民BTE所说的那样："1997年以后，哈日干图每年的打草场没有一寸地方是没动过剪刀的。"❶（2007年访谈）在同类课题研究中，经过5年的割草制度试验表明，过度的割草使地上生物量大大降低，对草原退化有很大影响，如一年割一次，年年割草的地上生物量只有113.80克/平方米，而割一年休一年的地上生物量为149.72克/平方米，前者仅为后者的76%。为了割草场的可持续利用，年年割草的做法不可取，但事实上，由于牲畜头数的增加，尤其是冬季牲畜存栏的增加，有限的割草场不可能实施轮割的制度。这种连年的割草制度输出大于输入，营养元素不均衡，从而使草地生产力下降，

---

❶ 机引式打草机的作业机理很像是剪刀剪东西，所以蒙古牧民称打草机为"机器刀"或"机器剪"。

故割草场的退化也有增无减。因而从本质上讲，不合理的割草制度与过度的放牧对草原的压力是相同的。

第三节　有畜无场的雇主和有场无畜的雇工

现行草原政策允许并鼓励草原使用权的转让和流转。《草原法》第十五条规定："草原承包经营权受法律保护，可以按照自愿、有偿的原则依法转让。"[1] 内蒙古自治区地方性法规《内蒙古自治区草原管理实施细则》有如下规定：

第十条　草原承包经营权可以依法转包和转让。

第十一条　签订、转包和转让草原承包合同的，按照《内蒙古自治区农牧业承包合同条例》的规定执行。[2]

内蒙古自治区农牧业承包合同条例的相应规定是：

第十五条　承包经营权流转应当坚持以下原则：（一）必须经发包方同意；（二）不得改变土地所有权关系和原承包合同规定的用途；（三）坚持自愿、有偿、平等原则协商；（四）流转期限不得超过原承包合同约定的期限；（五）同等条件下，本集体经济组织成员或者嘎查村民享有优先受让权。

第十六条　承包经营权流转的具体办法由自治区人民政府制定。[3]

内蒙古自治区还制定了专门的行业法规《内蒙古自治区草原承包经营权流转办法》，其中有以下规定：

第五条　提倡草原承包经营权就近流转。全民所有草原承包经营权优先在本旗县内流转，在本旗县内不能实现流转的，可以在本旗县以外流转。集体所

---

[1]《中华人民共和国草原法》，1985 年 6 月 18 日第六届全国人民代表大会常务委员会第十一次会议通过，2002 年 12 月 28 日第九届全国人民代表大会常务委员会第三十一次会议修订。

[2]《内蒙古自治区草原管理实施细则》，1998 年 8 月 4 日内蒙古自治区人民政府令第 86 号发布。

[3]《内蒙古自治区农牧业承包合同条例》，内蒙古自治区第九届人民代表大会常务委员会公告第五十二号于 2000 年 12 月 12 日公布。

有草原承包经营权优先在本集体经济组织内流转，在本集体经济组织内不能实现流转的，可以在本集体经济组织以外流转。

第六条　承包方有下列情形之一的，提倡草原承包经营权流转：

（一）无牲畜或者牲畜较少的；

（二）已不从事畜牧业生产的；

（三）丧失劳动能力的；

（四）已不在当地经常居住的；

（五）因其他原因不能正常使用草原的。

第七条　草原承包经营权流转的第三方必须具有从事畜牧业生产的能力，履行草原保护和建设的义务，保证草原等级的稳定和提高，不得掠夺性经营，不得利用草原从事非畜牧业生产经营活动。

第八条　旗县以上畜牧行政主管部门负责本行政区域内草原承包经营权流转的监督管理工作。

第九条　草原承包经营权流转的形式：

（一）转让：是指承包方将草原承包经营权转给第三方，包括互换；

（二）转包：是指承包方将草原承包经营权又承包给第三方，包括租赁；

（三）合作：是指承包方以草原承包经营权入股，与他人联合经营；

（四）符合法律、法规和国家规定的其他形式。

第十条　以转让形式进行草原承包经营权流转的，承包方与发包方签订的合同确定的权利义务关系即行终止，由第三方与发包方履行合同确定的权利义务。

第十一条　以转包、合作形式进行草原承包经营权流转的，原承包方与发包方签订的合同确定的权利义务继续履行。

第十二条　以转包形式进行草原承包经营权流转的，第三方不得再次转包。

第十三条　不得以草原承包经营权作抵押或者抵债款。

第十五条　集体所有草原承包经营权在本集体经济组织内流转的，由承包方和第三方共同向发包方提出申请，经发包方同意后，方可流转。集体草原承包经营权流转给本集体经济组织以外的单位和个人的，由承包方和第三方共同向发包方提出申请，经嘎查村民会议三分之二以上成员或者三分之二以上嘎查村民代表同意，报苏木乡镇人民政府批准；流转给自治区以外的单位和个人的，还必须报旗县以上人民政府批准。

第十六条　草原承包经营权流转价款及其支付方式，由双方当事人协商确定。

第二十一条　旗县以上畜牧行政主管部门对本行政区域内草原承包经营权流转情况进行监督检查，组织指导当事人进行草原承包经营权流转，调解处理当事人之间发生的纠纷，查处、纠正违反规定的流转行为。❶

从以上法律规定上来看，现行法律制度是允许牧民将草原使用权进行转让的。但从相关法律对各级政府对牧民转让草原使用权的行为的监督和管理相应规定看，旗县级政府和嘎查集体对于牧民个人的转让行为并没有实际的约束力。虽然规定了"旗县以上畜牧行政主管部门对本行政区域内草原承包经营权流转情况进行监督检查，组织指导当事人进行草原承包经营权流转，调解处理当事人之间发生的纠纷，查处、纠正违反规定的流转行为"，草场使用权转让"必须经发包方同意"，但在实际操作过程中嘎查集体和旗县、苏木镇政府极少会去干预牧民的转让行为。第十五条中"集体草原承包经营权流转给本集体经济组织以外的单位和个人的，由承包方和第三方共同向发包方提出申请，经嘎查村民会议三分之二以上成员或者三分之二以上嘎查村民代表同意"的规定，则更是形同虚设。牧民的草场使用权转让中最常见的不合理现象基本都在转让价格的问题上，但对于转让价格，几套法规都没有作明确的限制，在实际转让行为中都以双方协商结果为准。这给了一些别有企图的人以可乘之机，近年来内蒙古各地常有草场转让价格不合理、牧民吃大亏的事情发生。草场使用权的转让可以让划分到户的小片草场有机会被整合，形成连片的大草场，因此牧区的政府也鼓励草场流转。比如，锡林郭勒东乌旗在坚持家庭联产

❶ 《内蒙古自治区草原承包经营权流转办法》，内蒙古自治区人民政府第十七次常务会议通过，内蒙古自治区人民政府令 99 号发布，1999 年。

承包基本经营体制不变的基础上，积极推动草场整合，提出"坚持依法、自愿、有偿原则，整合草场、整合畜种、整合设施、整合劳动"的"四个整合"新思路，并于 2007 年开始在 10 个嘎查进行草场整合的试点工作。❶ 政府对通过草场流转来整合自然资源和劳动力资源的方式的鼓励，也恰恰说明他们意识到了小片草场的经营方式在内蒙古牧区的不适宜，注意到了草场承包带来的诸多困境，表明了政府希望通过整合来克服目前的经营管理方式导致的各种问题，通过草场整合重新组合土地使用权，实现对草场承包的技术性修正的愿望。目前内蒙古牧区的草场整合有两种形式，即租赁制和联营制。租赁制草场整合是一些承包草场小、经营不善的牧民按照政府的有关规定，把草场使用权租赁给那些经营能力强、愿意支付租金扩大经营规模的牧民。联合制草场整合就是牧民在自愿协商的基础上签订协议，规定参加联合的各户之间的经济关系以实现各户草场和牲畜联合统一经营，建立联合牧场的一种草场整合方式。

在哈日干图，草场流转也方兴未艾，不过哈日干图的草场流转尚没有联营式整合的例子，而全部属租赁式整合。哈日干图的草场整合主要有以下几种情况：①长期转让草场使用权。牧户将全部草场长期转让给承租人，一次性收取草场租金，草场使用权在转让期内完全属于承租人，这个形式在放牧场和打草场的转让中都有。②草场使用权以一年为期限转让，每年的转让金基于当年行情而有所不同，这种方式多见于打草场的转让。事实上，这个并不属于草场使用权转让，而是转包。❷ ③这第三种方式不在草原承包经营权流转办法规定的范围，是牧户在自己的草场上为他人代牧（或称托管）畜群，一般按牲畜头数收取酬劳，这种方式多见于无畜户和少畜户的放牧场。虽然这种方式在法律程序上没有变更草原使用权，但事实上也已将部分草原的使用权做了转让，在哈日干图牧民中此种租赁方式最为常见，代牧人基本都是昂格日图和宝日罕图两嘎查的牧民，而代牧的畜主多为该苏木哈日干图嘎查的牧民和定居点上没有草场的职工或"三不管"牧户，也有少数几户是邻近苏木或旗县的没有草场

---

❶ 杨思远. 巴音图嘎调查［M］. 北京：中国经济出版社，2009：76.
❷ 转让和转包的区别见上段《内蒙古自治区草原承包经营权流转办法》第九条。

的畜主托管牲畜的。这种在自己的草场上代牧他人畜群的，多以羊群托管为主，一般会同时承接多人的羊群，不同畜主的羊分别作记号。

草场整合户没有草场（或草场不足）但有牲畜，草场的被整合户没有牲畜（或有很少数的牲畜）但有草场，便出现了这种有畜无场的雇主和有场无畜的雇工。在草场流转过程中并不只是草场使用权的转让与被转让，中间往往还掺杂着劳动力所有权的转让、整合和设施整合以及畜种整合，让整合户和被整合户的身份发生了复杂的重叠，从而对牧民的物质生活和精神生活都产生了极大的影响。租赁关系和雇佣劳动关系的出现，使整合户和被整合户在不同的经济关系中开始扮演不同的角色。对于牧民整合户来说，他们在自己承包的草场上放牧经营，此时其身份为牧民；同时，他们还租赁了被整合户的草场，在草场租赁关系中他们成了佃户；由于牲畜增多，多数整合户需要雇工，有些是在接羔、抓绒、剪毛等繁忙季节雇短工，有些是雇长工，此时，他们又成了雇主。对于被整合户来说，他们拥有承包期内的草场使用权，因而是牧民；但是他们把草场租赁出去，在租赁关系中，他们是牧主；如果租赁收入无法满足生活需要，他们必须寻求其他的收入来源。被整合户一般有三条出路：到其他牧户家做牧工，当地人称为羊倌，即牧工；在工商业领域打工，即雇工；自己经营工商业，即业主。由于文化水平普遍较低且技能有限，被整合户往往都成了牧工。草场整合中租赁关系和劳动力雇佣关系的存在使整合户和被整合户都处于二重身份中：整合户既是佃户又是雇主，被整合户既是牧主又是羊倌。他们也都处于一种矛盾的经济地位中：既是有产者又是无产者。整合户在租赁关系中是佃户，在租来的草场上放牧，是无产者；但在雇佣关系中，他们是雇主，雇用工人为他们劳动，是有产者。被整合户在租赁关系中是牧主，是有产者，整合户需要向他们支付租金，他们是租金收取者；另一方面，他们又丧失了租赁期草场的使用权，在租赁期内实际上丧失了草场使用权，成为无产者，只能出卖自己的劳动力，得到作为劳动力使用权价格的工资。被整合户同农区的农民工颇为类似，农民工既有承包的土地，也出卖自己的劳动力。但不同的是，农民在转包土地后大多到城镇打工，而牧民在转包草场后，由于受游牧民族传统生活方式和观念的限制，也受文化程度和技能的限制，他们大多数仍留在牧区，成为其他牧户家的牧工。特别是当被整合户到租给草场的那个整合户家做牧工时，这种多元身份和双重地位就更加复杂：牧主成了佃户家的雇工，佃户成了牧主的雇主。

按现行政策，草场所有权归嘎查集体所有，牧民拥有 30 年承包期内的草场使用权，他们可以把草场租赁给他人经营。在草场整合中，整合户不仅拥有自家承包草场的使用权，还拥有租赁草场的使用权；被整合户虽然拥有承包草场的使用权，但是在租赁期内丧失了使用自家草场的权利，换来的是获取租赁收益的权利。草场承包期长于租赁期，政策规定承包期为 30 年，关于流转期限，相关法律条文均规定"不得超过原承包合同约定的期限"❶。租赁期满后，被整合户可以收回草场，也可以与整合户续订租约，或者换个人再将草场租出去。在 30 年的时间内，草场可以被租赁若干次。因为对流转期限未设上限，出现了牧民一次流转时间过长，达到十年甚至更长时间的情况，这种现象在"双权一制"实行初期尤其普遍。因为草场所有权不属于牧民，这等于让拥有了 30 年的草场使用权但自己无心或无力经营的牧民把批发来的这个权力一次次地零售出去。牧民的这种角色，使得草场的命运堪忧。

首先看第一种租赁关系中的双方。在哈日干图以第一种方式转让草场的牧民有两户，转让草场面积和转让金分别是 9000 亩 15 万元和 1 万亩 12 万元，转让期都是 10 年。而这两个整合户都是非牧户，一个是铁路局离职员工，另一个是旗政府所在地镇上的居民。对于这两个整合户来说，所租用草场只是他们在这 10 年当中用来获利的生产资料，转让期到期后这片草场便和他们没有任何关系了。而两个被整合户，在这 10 年当中对草场已经没有使用权，当然也无权管理。虽然在草原管理细则中规定租用草场的第三方在所租草场不能超载放牧，但因为缺少监督机制，政府对租用草场者的约束规定极其缺乏实效性。再看第二种租赁形式中的双方，第二种租赁形式主要存在于打草场的转

---

❶　见《内蒙古自治区农牧业承包合同条例》第十五条第（四）款；《内蒙古自治区草原承包经营权流转办法》第十八条；《中华人民共和国草原法》第十五条内容。

让，租用打草场的多为本苏木的牧民或定居点上的非牧户。租用打草场的人很少有连续几年租用同一牧户草场的情况，每年都在换不同牧民的草场来租用，而且视当年雨水、草场长势每年需要租赁的打草场面积和租用价格都会有所不同，因此第二种形式里的租赁关系是稳定性最差的一种。如同上段中提到的那样，租下草场的人唯一的目的就是从这片既定的草场面积上获得最大的产草量，而草场主人在把打草场租出去后便也无权再干涉其刈草作业方式。在以上两种租赁形式中，租赁双方对草场都是没有保护责任和义务（或者保护责任无作为渠道）的，在这样的关系下，草场只是被作为盈利工具来看待，而其他生态价值和文化价值则完全无从谈起，掠夺性经营不可阻挡。当草原不再是家园而变成敛财工具的时候，草原和牧民便双双相弃了，人的本能是可以由文化直接训练而成的，对于蒙古人来说，游牧文化精髓的丧失，也正在导致蒙古人爱惜环境的本能的消退。

第三种租赁形式是目前哈日干图草场租赁关系中对草场关怀度最高的一种。因为，为他人托管代牧的牧民尽管自己是无畜（或牲畜较少）户，但其放牧地点毕竟是在自己所承包的草场上，无论是出于蒙古文化因素的对草原的爱惜情愫或是出于对自己将来生产生活的打算，都会比较在意草场生态。和租用打草场的畜主不同，将牲畜托管给牧民的畜主更倾向于和代牧牧民有个更长久和稳定的合作关系，而且托管畜主并不参与实际的放牧过程，所以草场管理基本上是代牧牧民在单方面进行，对草场的关怀度取决于代牧牧民。然而，即使是在采取第三种租赁形式的草场上，退化和沙化仍然在发生。其原因除去前面说过的定牧因素之外，因为现行草场制度规定承包草场的牧民只有30年的使用权和经营权，代牧牧民对现行政策的持续性信心不足，还是会影响对草原的管护程度和主动性，有利益诱惑时在保护草场和利益之间仍然会更倾向于争取使用期期间的利益，尽管牧民都期望30年到期后草场仍属于他，但在访谈中多数牧民都表明了对以后草场归属的不确定和对日益萎缩的放牧畜牧业未来的茫然。（2008年访谈）

目前在哈日干图牧民，尤其是在昂格日图和宝日罕图牧民所放牧的牲畜中代牧的牲畜数占了相当大的比例。"1981 年，昂格日图嘎查 48 户牧民，牲畜总头数为 41000 头（只），2006 年的总头数不到 30000 头（只）（苏木的统计数是 28671），外来的牲畜占了一半，事实上牧民的牲畜比以前少多了。"——曾是该嘎查牧民的老苏木达如是说。（2008 年访谈）而在政府所进行的统计中，代牧的畜群数量很难确定，一是牧业统计时出于不同目的，牧人会掩饰代牧的事实，嘎查或苏木没有权力限制牧民的草场到底养了谁的羊，所以也不会专门作分别统计，因此实际情况只能靠访谈当中牧民的讲述和介绍来了解。笔者用从呼和诺尔镇畜牧综合站拿到的一张牲畜统计表显示的数字在访谈中与该嘎查的牧民核实，结果至少有 18 户所登记牲畜数与畜主实际拥有牲畜数不符，其中至少有 10 户的登记数字有大的出入。不过从另外一些统计中我们仍可以侧面了解到代牧牲畜的情况。2006 年哈日干图嘎查牧民牲畜统计中养羊户有 39 户（如前所述，因为小畜不适宜定居生活和放牧管理的特点以及哈日干图嘎查放牧场比较少等原因，定居于苏木定居点上的哈日干图嘎查牧民更倾向于养大畜），羊群总数为 13438 只，其中畜主自己放牧和管理羊群（以有自己的羊包即"敖特尔"为标准）的有 11 户，羊群数量为 7797 只，其他养羊户的羊都由别的牧民代牧，而哈日干图嘎查的羊基本都在同苏木的昂格日图和宝日罕图两嘎查托管，也即是说可以推算剩下的这 5641 只羊大部分在上述两嘎查的草场上，而在哈日干图托管的羊群畜主中羊数最多的还往往不是哈日干图嘎查的汉族牧民，而是有着比较充足的周转资金的，以蓄养羊群为投资方式的非牧民托管代牧现状由此可见一斑。

草场租赁没有门槛，任何人都可以租赁，租赁价格也没有规定，租谁的草场就去和谁谈。这中间有很多漏洞可以利用，牧民需要对经济规律、市场预测甚至是国际金融形式、货币价格等都要有一定的了解和把握能力，否则上当受骗或决策失误在所难免。而在个别嘎查，甚至有寻租人用恐吓、讹诈等手段来获取草场低价转让，牧民的草场流转风险非常高。一方面是牧民的弱势，另一方面是政府的作为。草场承包到户后，政府对确定承包人的草场管理权已经削减了很多，剩余的管理功能也因为现实操作性不强而多流于形式。而在文化一度破碎后，牧民社区原有的合作机制也同时瓦解，这中间最大的损失，也是一个不容忽视的问题就是社区成员之间、集体与政府之间的信任被割裂。

在锡林郭勒盟有些经济能力强的大户租赁其他生产能力较弱的牧户的草场，实行规模经营。这种通过草原承包经营权的流转实现的规模经营虽然有利于轮换使用草原，对保护草原起到积极的作用，但是这种保护作用是有限的、相对的。更大意义上，租赁他人草场的牧民是以为自己的草场提供休养生息的机会、保护自己承包的草场为目的，因此容易造成过度利用他人草场，致使租赁草场易于退化。租赁草场的退化又引起连锁效应，侵蚀其周围的草场，其结果是某一地区草原的整体性退化。❶

第四节　缺指的拳头——畜群结构的变化

草原"五畜"在蒙古人的游牧生活和游牧文化中的地位不言自明，无论是在牧民的物质生活还是精神生活中，游牧先人在漫长的岁月中精心悉选出来的这五种牲畜都占据着各自的地位，如五根有力的手指，握成了一个无坚不摧的拳头。

第一，蒙古绵羊。蒙古羊是蒙古高原的一个古老家畜品种。据科学家推测，野生盘羊可能是蒙古绵羊的先祖或先祖亲缘。大概在6000年前，蒙古高原已有了驯化了的蒙古羊。现代蒙古肥尾羊在2000多年前就已形成。蒙古羊的分布很广，同蒙古牛的分布区域大致相同。一般来说，草甸草原、典型草原的蒙古羊体形略大，荒漠和戈壁地区的蒙古羊体形相对小些；前者的毛质粗，后者的毛质细。蒙古羊的基本外貌特征表现为：体质结实、鼻梁隆起，公羊多有角，毛质较粗，体毛多为白色，头、颈、四肢多有黑色或褐色斑点，尾大而肥。蒙古羊肉质细嫩，味道鲜美，营养成分高。中东地区每年消费大量的来自

❶ 杨思远. 巴音图嘎调查［M］. 北京：中国经济出版社，2009：135-141.

122

世界各地的进口羊肉，其中 10% 的高档羊肉消费属蒙古高原的蒙古羊品系。蒙古羊的品种有苏尼特、乌珠穆沁、戈壁羊、哈拉哈羊、巴尔虎等十几种优良地方品系。蒙古羊适应较严酷的自然环境和粗放饲养条件，是一种投入少、产出高的绵羊品种。放牧行走快，游牧采食力强，抓膘快，每日骑马放牧可走 15～20 千米；大雪天扒雪吃草，生存力强；全年羊群多在露天草场卧盘；在冬季大风雪时，西北方向设简易风障即可过夜。蒙古羊具有耐渴的特点，秋季抓膘时，可采取走"敖特尔"野营放牧，可几天乃至十几天不需饮水，只要能采食野葱、野韭、瓦松和黄芪等多汁牧草，就可达到解渴和增膘的双重效果。

第二，蒙古山羊。根据记载，蒙古山羊最早出现在公元前 6000～7000 年，起源于南亚、西亚、南非。蒙古山羊是从亚洲山羊演变过来的独立品种，主要分布在我国内蒙古地区和蒙古国。蒙古山羊以它的用途分为肉用、绒用、奶用、皮用、羔皮用和地方品种等六个分类。蒙古山羊是一种优良的地方品种，是皮、绒、肉、乳兼用型的山羊品种。由于自然地理环境的不同和人工选育的方向不同，蒙古山羊形成许多优良的地方品系。如有内蒙古的二狼山白绒山羊、阿拉善白绒山羊、阿尔巴斯白绒山羊，蒙古国的高戈壁三优山羊及高原乳山羊等。蒙古山羊的适应性与抗病力都很强，能够充分利用荒漠、半荒漠草原和山地牧场，生产优质羊绒。目前，人们也试验"舍饲圈养"的方法生产山羊绒，但其质量不如放牧条件下的绒毛品质，即绒纤维变粗。蒙古山羊绒总产量约占世界山羊绒总产量的 70%，其中中国内蒙古山羊绒产量占 40%，蒙古国山羊绒产量占 30%。蒙古山羊的绒毛品质与在世界其他地区山羊绒品质相比较，在绒毛的细度、柔软度、丝光强度、伸缩度、净毛率等多项品质指标上都有很大的优点。以蒙古山羊绒为原料加工后的服装，质地柔软轻盈，深受消费者的青睐。山羊和绵羊不同，喜食粗草、硬草、灌木，适于山地放牧。巴尔虎牧区的小畜群通常由 1/10 山羊、9/10 绵羊组成。山羊喜行走，出牧归牧走在前头，怕冷不怕热。有山羊的羊群夏天不扎窝子。山羊活泼好动，对外界动静反应敏感。当狼进入羊群时，特别是当咬到山羊时，会大声惊叫。而绵羊不出声，任其逐个咬死。绵羊粪湿、山羊粪干，合在一起，正好踩成粪块。蒙古族有个山羊和绵羊的民间故事，说绵羊嫌山羊轻浮、好动，总是咩咩地叫。而山羊嫌绵羊太笨。有一天它们分家了。不久，因为每天走不远，绵羊附近的草都吃光了，越来越瘦，听不到叫声，常走散。山羊走得快，也常走散，后来双方又达成协议，再合群放牧。山羊被蒙古族定为五畜之一，与绵羊并列，成为蒙古高原最古老的畜种。

第三，蒙古牛。根据考古学资料，早在新石器时代（8000年前），在亚洲的中部区，蒙古牛由野牛驯化成家牛。巴比伦和亚洲其他地区驯化野牛的时间约在7000年前，欧洲约在5000年前。蒙古牛广泛分布在中亚、东亚、蒙古国和俄罗斯贝加尔湖周边地区。从外形特征看，蒙古牛胸深、体矮、胸围大，具有乳肉兼用型的体征。由于蒙古牛分布地区的生态差异，在漫长的自然选择和适应性基因突变过程中，形成草甸草原、典型草原区的大体骼品种和荒漠半荒漠草原地区的小体格品种。例如巴尔虎牛、布里亚特牛、乌珠穆沁牛的体骼比较大，而乌拉特牛体骼比较小。草原上的蒙古牛多为终年放牧，无需棚圈和补饲。蒙古牛的主要特性可概括为：耐粗饲、宜放养、抓膘快、适应性强（如抗寒抗热的温度区域在－50℃至＋35℃）、抗病力高、肉的品质好、生产潜力大等特点。蒙古人须臾不可离的奶制品，多用牛奶来做原料。蒙古人的传统食品分为红食、白食以及绿食，红食是肉类，以牛羊肉为主；白食是奶制品，以牛奶为主要原料；绿食则是多种野生植物，包括野生茶饮、蔬菜、植物药等。其中犹以白食为最重，认为其白色圣洁不可亵渎，孩子浪费白食会遭到严厉的训斥。在夏秋季大量储备的奶制品也是蒙古人在冬、春季主要的营养补充。

第四，蒙古双峰驼。蒙古骆驼属于双峰骆驼（阿拉伯和非洲是单峰骆驼）。据考古学家、生物学家考证，骆驼科动物是距今约3000年前北美洲的原蹂蹄类动物演化而来（"二趾原驼"进化为"原驼"）。在蒙古高原，在3000～4000年前，对野生骆驼进行驯化。中国甘肃嘉峪关西北匈奴早期的文化遗物"黑山浮雕像"保留了许多骆驼和游牧人的石像，足以证明内蒙古阿拉善是双峰骆驼最早的驯化地之一。今天，塔里木盆地、柴达木盆地、额济纳戈壁、阿尔泰山地还有少量的野生双峰驼。蒙古双峰驼的主要特点，除了乳、肉、绒等利用价值外，主要功能是长途运输工具且被广泛使用。蒙古双峰驼具有耐饥、耐渴、耐风沙、能负重（驮载 200～250 千克，日行 30～40 千米），善于行走戈壁和沙漠（骑乘一人，日行 70～80 千米）。骆驼四岁性成熟，每二年分娩一次，寿命为 30～40 岁。据测定，骆驼的最大挽力达 428 千克，最高载重量可达体重的 11 倍。骆驼记忆力惊人，成年驼在数百千米以外能独自返回出生地。骆驼连续绝食断饮 10 天，仍可使役，30 天绝食断饮后仍可恢复健康，为生命安全期，耐饥（给食）最高限可持续 72～85 天，耐渴（给水）最高限可持续 89～131 天。牧民平时并不配专人管理骆驼，一年当中只在剪绒、去势、骆驼发情期才会将驼群赶回牧地或由牧驼人巡视驼群，其他时间驼群基本处于散养状态。因为驼群的看护成本很低，因此骆驼是牧民在灾年或其他畜群收益较低的年份满足不时之需的重要备用资产。在哈日干图，丘陵地形面积较大，适宜养骆驼，因此该苏木一直是陈巴尔虎最主要的驼群基地，陈巴尔虎旗一半以上的骆驼都在哈日干图。直到 20 世纪 80 年代末 90 年代初，骆驼一直是哈日干图牧民冬季主要的骑乘役畜，因为该地冬季寒冷，1960 年极端最低气温曾达到 -48℃，而冬天骑在骆驼双峰间，既保暖又舒适。骆驼体高、脚掌宽，在雪地里通行无碍，并会自认道路，绝无迷路之事，一直到 20 世纪 90 年代初，骆驼爬犁都是当地最主要的冬季运输工具。

图 4-4 宝日罕图嘎查的驼群（摄影 乌尼尔）

第五，蒙古马。蒙古马是独立起源的古老马品种之一。蒙古马为乘、奶、肉兼用品种。蒙古马奶的营养价值特别高，具有保健和医疗作用；马肉的优点是热能高，是三九严寒中蒙古人抗寒的最佳食品。蒙古马抓膘快，掉膘慢，即使遇到"白灾"，也会刨雪采食，安全过冬。蒙古马对毒草有很高的鉴别力，很少中毒，抗病力很强。蒙古民族是世界历史上知名度最高的马背民族。蒙古人爱马、懂马、敬马。牧马是蒙古男子职守所在，备受尊重。蒙古族孩子三岁就要上马背，由大人带骑，六七岁就要学会骑马，十岁以后开始参与狩猎（标志已成年）。草原上的牧人在马鞍上度过一生，终年骑马扬鞭的生活在外人眼里或艰苦难忍，或放荡不羁，但个中感受只有牧人自己才能体会。在蒙古人的家庭中，常常悬挂着上面有一支飞马形象的小旗帜，象征好运。在萨满教中，认为人死后要借着马，才可以经过长途跋涉走向天国、苍天。马，在蒙古族生产生活中占据着十分重要的地位。它既是生产资料，又是交通工具，也是生产工具，还是蒙古人战斗力的体现。因此，蒙古人十分珍惜和爱护马，平时严禁打马匹之头面，战斗间隙要放马于草场使之饱食，禁止人们骑乘。

世界上很少有一种动物能够比蒙古马更加广泛而深刻地嵌入一种充盈着生态理念与实践的文化之中，它的命运牵动着一种文化的整个命运，它的存在就像对环境洁净程度很敏感的指示植物那样，对草原的生态与文化变迁有着明显的指示意义，它的消退能够唤起与之连心换命过的蒙古人从心底发出的难舍之情，它的消退也是对蒙古文化毁灭性的抽离——文化最深最重的内芯的抽离。马，对于蒙古民族和蒙古文化的意义根本不是经济这一单薄的原因所能够解释的，现在，蒙古牧民与马的疏离导致的后果更远非经济损失这么简单。蒙古马对草原的价值，只有透过生态与文化的视角才能碰触到问题的症结。（图4-5）

《蒙达备录》中说："有一马者，必有六七只羊，谓如有百马者，必有六七百羊群也。"根据1918年的外蒙古统计资料，绵羊和山羊占总畜数的74.6%，马占11.95%，牛占11.1%，骆驼占2.3%。❶ 这显示了在传统蒙古

---

❶ 伊藤幸一. 蒙古社会经济考 [G]. 布林，译. 内蒙古自治区蒙古族经济史研究会，1993：30
-31.

图 4 - 5　赛马比赛开始前（摄影 乌尼尔）

族畜群中马的构成比例，但进入 20 世纪 80 年代以后，马的在群比例呈持续下降趋势。

1945 年 8 月，陈巴尔虎旗牧民从莫尔格勒河夏营地返回冬营地的途中误入苏联军队的军用机场范围内，此事被苏联军队抓住了把柄，苏方以"袭击军队驻地"为名将所有老少牧民和全部畜群扣留，并将牧民驱至中苏边境。后来苏方又将从特尼河夏营地返回的牧民也驱至中苏边境。牧民们被迫在边境滞留了一个多月后，苏联军队按每户 5 头大畜的标准返还了一小部分牲畜，其余牲畜全部渡河赶到苏联境内，渡河时溺死的牲畜无数，当地传渡河的牲畜就是踩着死亡牲畜的尸体过去的，此事件中陈巴尔虎旗几乎损失了全部牲畜，损失数目无确切记录，按之前几年的全旗牲畜数推算，认为至少有 35 万 ~ 40 万头（只）。因此，1946 年全旗牲畜只有 10572 头（只）。遭此大劫后陈巴尔虎旗的畜牧业慢慢恢复，到 1965 年，全旗大小畜 323765 头（只），其中牛和马占畜群总数的 10.92% 和 4.94%。为确保体现畜种构成的自然比例的真实性，表 4 - 2 中选用了 1976 年以后的数据。

从表 4 - 2 中可以看到，1990 年和 1999 年的牲畜总数有明显的减少，这是因为 1979、1983、1987、1996、1999 年陈巴尔虎旗遭遇大雪灾，其中以 1983 年的最为严重，灾中损失牲畜数占当年全部牲畜的 18.3%，因此 1999 年的牲畜数有明显的减少，但 1990 年因为牛的头数有大的增加而全年总数仍比 80 年代的有所增加。不过从表 4-2 和表 4-3 可看到，经过雪灾后羊的数量减少最为明显，无论是相对数还是在群比例都有大幅下降，这说明相对其他畜种来说羊对雪灾的抵抗力明显要弱。灾情过后政府和牧民都会从其他旗县引进母畜来补充损失的牲畜，值得注意的是，数据反映被补充的都是羊，这表现出了此时政府和畜主在五畜中对羊的数量的重视。

表 4-2　陈巴尔虎旗各年间五畜数量变化　　　　　　　　　　头（只）

	1976 年	1990 年	1995 年	1999 年	2004 年	2006 年
绵羊	278192	222663	333609	215634	446748	535987
山羊	16465	27442	26187	24135	45473	39603
牛	23646	87690	86047	90923	90328	119933
马	19520	12908	12065	12821	12154	12654
骆驼	405	166	108	150	92	121
总数	338228	350869	458876	343716	594837	709801

数据来源：笔者根据《陈巴尔虎旗志》及旗农牧局近年牲畜普查表数据整理，2007

表 4-3　陈巴尔虎旗各年间五畜在总畜群中的比例变化　　　　　（%）

	1976 年	1990 年	1995 年	1999 年	2004 年	2006 年
绵羊	82.2	63.46	72.7	62.7	75.1	75.5
山羊	4.9	7.82	5.71	7	7.6	5.6
牛	7	25	19	26.5	15.2	16.9
马	5.8	3.68	2.7	3.7	2.04	1.8
骆驼	0.11	0.47	0.02	0.04	0.02	0.02

数据来源：笔者由《陈巴尔虎旗志》及旗农牧局近年牲畜普查表数据整理，2007

　　游牧范围的缩小以及完全消失对草原生态环境的破坏主要是由于牲畜的践踏。美国草原管理学者 Allan Savory 对美国数千家家庭牧场研究后得出的结果也支持这一结论。他提出："影响草场的首要因素不是牲畜的头数，而是植被暴露于牲畜的时间。"[1] 蒙古族传统放牧畜牧业称这一破坏性因素为"toorain zud",即"蹄灾"。另外,大畜在畜群结构中比重的下降也加剧了"蹄灾"的严重程度。内蒙古牧区 24 旗市牲畜总数由 1965 年的 3505 万羊单位减少到 2002 年的 3420 万羊单位时,牲畜的实际总蹄数,由 1965 年的 8330 万增加到 2002 年的 11359 万,净增 757 万只羊的蹄子数。换句话说,1965—2002 年,在经济效益下降的情况下,仅仅牲畜蹄子数量一项对草场的破坏力至少增加了 1/5。

从表 4 - 4 可以得出陈巴尔虎旗的情况:1995—2006 年,总牲畜头数增长了 54.68%,但羊单位只增长了 44.99%,畜群总数的增长率比畜群总的生物量增长率多出近 10%,即在同等生物量的情况下 2006 年的畜群构成会比 1995 年的畜群构成多产生 10% 的草场践踏率。

表 4 - 4　哈日干图苏木历年畜种构成数据变化

头（只）

	1994 年	1996 年	1998 年	2000 年	2007 年
绵羊	23050	21398	21894	30276	52493
山羊	4505	4408	5237	4547	6460
牛	5451	5960	7173	5258	4866
马	1266	1254	1223	942	914
骆驼	48	38	38	32	71
总头数	34320	33058	35565	30687	64804
羊单位	63342	63396	70600	67489	89264

注：绵羊单位 = 牛 ×5 + 马 ×6 + 骆驼 ×7 + 绵羊 ×1 + 山羊 ×1

数据来源：笔者由哈日干图苏木、呼和诺尔镇历年牲畜统计表整理,2008 年。

大牲畜比重下降的主要原因是实行草场承包到户的经营制度。1996 年陈巴尔虎旗开始草牧场第二轮承包即"双权一制",后因各种原因非牧户占用草场和以牲畜托管方式使用草场的现象较严重,2006 年的统计数据中哈日干图苏木非牧户占用草场面积为 80500 亩,是草场被占用嘎查总面积的 8%。占用草牧场的非牧户更倾向于选择繁殖快、经济收益高的小畜,因此近年来在全苏

---

[1] Savory. A and Butterfield. J, Holistic Management: A New Framework for Decision Making. USA.

木畜群结构中小畜的比例明显上升（见表 4 - 5）。牧区畜群结构受草场生态因素和经济技术因素的制约，从经济因素来看，小畜繁殖快、出栏快、经济收益好，使得牧民和非牧民都倾向于增加小畜。

表 4 - 5　哈日干图苏木历年畜种构成比例变化　　　　　　　　　（%）

	1994 年	1999 年	2000 年	2006 年
小畜	80.29	80.75	79.7	90.94
马	3.68	2.8	3.07	1.54
牛	15.88	16.35	17.13	7.39
骆驼	0.14	0.09	0.10	0.10

数据来源：笔者由哈日干图苏木历年牲畜统计表整理，2008

　　在畜群构成中马的比例是下降最大的，从全旗的统计结果看，马的在群比例由 1976 年的 5.8% 下降到 2006 年的 1.8%（见表 4 - 3）。在哈日干图苏木，马的在群比例由 1994 年的 3.68% 下降到 2006 年的 1.54%（见表 4 - 4）。陈巴尔虎旗现有的马匹数量已不足历史最高时期的 1/3。❶ 马和骆驼在草原五畜中属于"快足""远足"型家畜，放牧半径大，需要的草场面积大。❷ 承包后一家一户的草场很难满足养殖马和骆驼的需要，这是马和骆驼在畜群中比例下降的生态因素。牧区的畜群迁移特点是，马和骆驼越多，迁移越频繁，迁移距离越远；畜群越大，迁移越频繁，迁移距离越远，而现在草牧场的连续性被阻隔，情况变得正好相反——大畜越多、畜群越大就越没有地方迁移，迁移频率也越慢，草场的压力自然也就越大。草场划分后，从"草场暴露于牲畜的时间"和"牲畜蹄量"即践踏率两方面都大大增加了草场的负担，有研究表明

---

　　❶ 陈巴尔虎旗历史资料（蒙古文）. 内蒙古文化出版社，1990.
　　❷ 和外界所想象的情况不同，内蒙古牧区放养的牲畜，尤其是马和骆驼，并不是吃饱了就不会走了，每日行走距离远是其习性所致而不仅仅是为了填饱肚子。这和人的需要是一样的，人不会吃饱饭就可以躺着不动，而必须有一定的运动量；长期在城市里也会不舒服，就需要去野外走走，这样才能有一个健康的体魄，在这一点上牲畜的需要并不比人的更多。内蒙古的畜产品质量之所以能广获美誉，就是因为放牧方式和圈养不同，牲畜可以获得更多自身所需的营养，如果放弃这一优势，也就失去了内蒙古畜牧业的独特竞争力。

内蒙古实行草场承包到户后牲畜行走的距离增加了 1.6 倍。[1] 2006 年开始陈巴尔虎旗开始积极发展马业，成立了全旗马业协会并由旗领导亲任协会负责人，自此马匹数量显示出了一定的回涨趋势。2011 年 7 月，该旗马业协会举办的"万马奔腾游牧文化节"上聚集了 11517 匹马，创造了新的世界吉尼斯纪录。牧民们从几十甚至上百千米以外将一个个马群赶到莫日格勒河畔，未收任何费用或报酬，只为将自己的民族文化展现给世界，呼吁世人对蒙古族马文化的关注。名副其实的万马奔腾的壮观景象吸引了众多国内外人士和摄影爱好者，观者无不兴奋和感动。但想要拥有较大的马群，必须拥有大的草场，普通牧户的几千亩草场不具备发展马群的潜力。正如笔者在调查中听到牧民的说法，"养马正在贵族化"（2007 年、2008 年访谈）——只有拥有最大草场的人（或马场、农牧场）才有能力养马群，马这种动物，从蒙古牧人生活不可缺少的伙伴和使役工具正在逐渐变成奢侈品。

图 4-6　"万马奔腾游牧文化节"场景（摄影　赵如意）

与内蒙古牧区总体上呈现出一片"小畜热"景象相比，本文田野点上牧民的特殊来源和组成，在哈日干图苏木各嘎查间的畜种构成上显示出更加鲜明的特点。回头再看本书田野点上三个嘎查之间的畜种比例，呼和诺尔镇 2007 年度牲畜普查表（2006 年 7 月 1 日至 2007 年 6 月 30 日）的统计结果如表 4-6 所示。

---

❶　敖仁其. 制度变迁与游牧文明［M］. 呼和浩特：内蒙古人民出版社，2004：161.

表 4 - 6　哈日干图苏木 2007 年嘎查间畜种比例比较　　　　　　头（只）

	小畜	牛	马	骆驼	小畜：牛：马：驼
宝日罕图	12196	754	264	71	46.20：2.86：1：0.27
哈日干图	13604	2509	41	0	331.8：61.2：1：0
昂格日图	33153	1603	609	0	54.44：2.63：1：0

数据来源：笔者由呼和诺尔镇 2007 年度牲畜普查表整理得出

　　从表 4 - 6 中可看出三个嘎查的畜种比例有非常悬殊的差别。以马的比例为 1 来计算，与宝日罕图和昂格日图两嘎查相比，哈日干图嘎查小畜比例高出近 8 倍，牛的比例高出 30 倍。蒙古族牧民和汉族牧民的放牧方式和文化选择决定了他们完全不同的畜群构成选择结果。

　　在这一节中可以看到内蒙古牧区"五畜"的构成比例正在发生前所未有的变化，而在本文的田野点，同一片资源区的牧民之间截然不同的畜种选择似乎可以给我们一些理解这场变革根由的启示。畜牧业生产中，饲养某一种动物而排除另一些种类的动物，那地区的生态也因此而改变，有时候改变会达到一个很玄妙的平衡。❶ 而将经历长期文化选择和生态适应而达成的平衡突然打破，会对生态环境中资源利用造成很大的影响，从而改变这一地区环境内的资源平衡。服饰、居所、畜种的选择，牲畜的棚圈，马缰用皮绳或是塑料绳、蒙古包哈纳❷用柳条或是钢筋……所谓文化即"由这样一些固定的、静止的点开始，这些'现实''锚定在事物的性质之中'，个人身份和集体身份由此建立、由此发展。这是一些让时间持续的东西。一个人理解了这些力量，就可以摧毁这些支点，或者一点一点地，逐渐地蚕食掉它们，或者是一下子将它们通通切开。摧毁这些支点的力量是在已经被锚定的生活方式和思维方式内部出现，还是由外而来，因那些以其他方式锚定的社会之有意或无意的压力和进犯而来，

---

❶ 李亦园. 生态环境、文化理念与人类永续发展 [J]. 广西民族学院学报（哲学社会科学版），2004（7）.

❷ 即蒙古包的建筑骨架部分。

这对于一个社会的未来是大有关系的"❶。

组成蒙古族传统畜牧业"拳头"的各个手指正在松动，如果说"小畜热"的最直接后果是因"蹄灾"导致草原退化的话，五畜中马的消失则将使蒙古族游牧文化的脊梁断裂。这个缺指的拳头又该如何握住民族文化的未来？

第五节　草原又有新来客——草原打工族的涌入

我国农区和牧区在同一时期开始实行联产承包责任制。在农区，在保持土地"集体所有制"的同时，不再继续集体的生产和经营，而是释放农民个人的劳动力所有权，并将土地使用权承包给农民，使之独立进行个体小生产。但这种小生产不具备稳定的土地占有权，虽然从最初的土地使用权承包期15年又延长至30年，但农民的个体劳动很难在这小块土地上增加多少效益，无法为其地力、水利等的改善做更多投入。农民的劳动力从集体释放出来后形成大量的剩余劳动力，因没有了经济实体的"集体所有制"并不能为剩余劳动力寻找创造价值的机会，所以农民不得不自行外出出卖其劳动力使用权，由此而引发了如农民工权益保护等诸多社会问题，引起了社会各界的广泛关注，而草原牧区的"客籍劳工"问题正是其中的一个连带反应，但却鲜有人关注这个政策链上的末环。

虽然内蒙古牧区与全国基本同步推行了与农区"联产承包责任制度"在形式、主旨都极为类似的"草畜双承包"制度，但因为牧区畜牧业生产的特点，在劳动力问题上出现的结果和农区正好相反，在农区出现大量剩余劳动力的同时牧区却出现了大量的劳动力空缺。牧户的联合是游牧业生产的基本形式，游牧业在漫长的发展过程中总结和形成了多种形式的联合生产模式，在牧区气候变化可预测性较低、资源环境异质性较高的条件下人口稀少的游牧社区采取联合的形式正是为了节省劳动力，并以各种规模的生产团队来增强自身抵

---

❶　[法] 莫里斯·古德利尔. 礼物之谜 [M]. 王毅，译. 上海：上海人民出版社，2007：245.

御环境风险的能力，而"草畜双承包"实行后首先被打破的正是这种联合经营的生产方式。在以"阿伊勒"联合或集体生产经营时期，在同一种牲畜合适的结群规模下一个劳动力可以达到最高工效。比如，由三个牧户联合成的"阿伊勒"共有3000只羊、200头牛、100匹马，联合放牧时羊可分两三群，牛和马各为一群，这样，畜群的管护有四五个劳动力就可以完成。"阿伊勒"的其他成员负责挤奶、做奶制品、看护幼畜、做手工等工作，基本可以满足三户人家的畜牧业生产需要。在接羔、盖棚圈、打草等需要在短时间内集中劳动力完成的季节性作业中，联合方式提供的劳动力集约尤其能显示其重要性。但在单户家庭生产时，每家的羊、牛、马群都需要各有一人来负责放牧和看护，尤其是对于羊群的管护，100只羊的羊群和1500只羊的羊群都需要占用一个劳动力，但显然后者的效率要比前者高了许多。

　　另外，定居畜牧业增加了牧户的生产环节，劳动量大大增加，因此经营中等规模以上畜群的牧户就需要雇佣一名长期牧工，而在接羔、打草、剪羊毛和有灾情的季节里几乎所有的牧户都需要雇佣短期牧工，这给邻近农业区和有亲戚、老乡在当地牧区的农村剩余劳动力提供了大量的工作机会，草原又有了新的来客。游牧劳动比起农耕劳动，是环节多、强度高、连续性强的劳动。就其环节看，它包括迁移倒场、白天放养、夜间看守、饮畜喂畜、挤奶加工、接羔喂养、去皮加工、阉割公畜、幼畜盖印、剪鬃搓绳、剪毛制毡、套马驯马、寻找失散牧畜等；就其强度看，农耕劳动更无法比拟，如套马驯马、阉割公畜、剪毛剪鬃、进行围猎，风雪天气照看畜群时，不仅强度高，而且有生命危险；就其连续性看，与农耕劳动不同，游牧生产一年四季一天24小时都需要劳动，这是动物生命的连续性决定的。在内蒙古牧区，从1984—2001年整个过程看，牧民支出增长幅度已经超过了收入增长幅度（见表4-7），其中雇佣费用占了相当大的比重，仅次于草料费成为影响牧业收入的第二大因素。据敖仁其等人的调查结果，2002年内蒙古牧区生产成本费用中，具体依次排序是：草料支出占生产经营总支出的53.53%、劳务费（雇牧工）占12.24%、税收占8.66%、油料费占8.66%、防疫兽药费占6.38%、围栏租赁草场植树等杂项占 4.14%、修理费占 3.95%、其他费用占 2.25%。❶ 哈日干图的情况和内蒙古全区的情况是吻合的，而这却是一个令人担忧的吻合。

表 4-7　内蒙古牧民收入、支出增长对比　　　　　　（%）

	1984—2001	1986—1990	1991—1995	1996—2000
总收入	13.4	9.8	19.7	15.1
纯收入	10.6	6.9	15.6	12.4
现金收入	—	—	21.0	8.5
总支出	14.1	9.9	21.6	14.4
家庭经营费用支出	17.5	18.7	32.9	18.9
生活消费支出	10.8	8.9	15.9	10.9

数据来源：引自敖仁其. 制度变迁与游牧文明. 2004：253

目前，哈日干图地区雇用牧工的薪酬标准如下。

打草工：100～120 元/天；❷ 羊倌：1800～2000 元/月（雇用全家，即夫妻二人）1100～1300 元/月（单人）；❸ 接羔：80～100 元/天；挤奶工：1000～1200 元/月。其中打草工、接羔牧工和挤奶工为季节性工作，雇用时间分别约为一个月、一个半月和三个月，羊倌则是全年雇用。在本文田野点，雇用长期牧工的家庭，雇工薪酬占家庭年收入（总）的 15.7%～28.09%，只雇用季节性牧工的家庭，雇工薪酬占家庭年收入（总）的 8%～10%。昂格日图嘎查和宝日罕图嘎查人口登记表上显示的集体户人口分别是 38 人和 2 人，登记表上所谓的集体户即为长年在该嘎查务工的牧工。昂格日图嘎查总人口为 271 人，加 38 名集体户人口共有 309 人，雇工占该嘎查牧民人数的 14%。每年 8 月初到 9 月中旬，是该旗的打草季节，届时基本上每户牧民都会雇用 1～3 人不等的打草工，这个季节是实行"草畜双承包"制度后草原上最繁忙的时候，劳

---

❶ 敖仁其. 制度变迁与游牧文明 [M]. 呼和浩特：内蒙古人民出版社，2004：253.

❷ 这是笔者田野调查的初期所得到的信息，2012 年和 2013 年，雇工的日薪已经最低 150 元，日薪达到 200 元的也不在少数了。

❸ 2013 年再去调查时薪酬标准已涨到 3000 元/月（单人），4500 元/月（夫妇）。其他工种的薪酬也都在上涨，即便这样，仍然很难找到合适的牧工。

动力大量短缺，一人难求，尤其是技术熟练的牧工❶经常会成为多户争抢的对象。因为劳动力需求量大，所以好不容易雇到打草工的牧民为了保证牧工不会跳槽到别的牧民家，在因天气原因或机械修理误工的日子里也会照付薪酬。笔者在撰写本文的时候听田野点上的牧民 MT 说，8 月 7 日到 12 日当地一直有雨，打草工作就停了，但天气转晴就要随时开工，为了不让雇用的人走掉，他在停工期间多付了 3 个工人 5 天的工资 1800 元。（2009 访谈）

联产承包制度让农区出现大量剩余劳动力的同时，在牧区导致了劳动力的大量短缺，也许很多人都没有想到同一个制度在不同地区的实施会产生这样一个有趣而又有些无奈的结合点。农区来的打工族们定期涌入牧区，劳动季节结束后再返回原籍，与当地人年复一年的交流和融合过程中他们的生活方式、行为方式和思维方式对当地的社会文化和生态环境的作用也慢慢渗透。就像落潮后海滩上总会留下些什么，一次次的来回间一部分人便留下了。现在，牧民所雇牧工已有了一定的稳定性，即每年都会雇同一个人来打草或接羔，而在此期间有些雇工就选择在当地长住下来，以薪酬换成羊，寄放在雇主家的草场上托管，打草季节以外的时间找别的活计来做。这些被称为"客籍劳工"的人们已经成为新的一批草原居民。

除了上文所述原因之外，盗挖药材之风在近十年来愈演愈烈。挖药材的人当中有不少是零散型，即一个人或几个人一起去草原上盗挖药材植物，而危害范围和程度更严重的是集团化的盗挖药材者。这样的集团从组织盗挖人员、提供交通工具到安排销售渠道都有完整的链条，甚至还有人专门负责通风报信，以防草原执法人员的突击检查。2000 年 8 月 31 日《呼伦贝尔日报》报道，在2500 多万亩的陈巴尔虎草原上，因为乱挖药材而被毁坏的草原面积已经有 500万亩。

---

❶ 包括开车、装车、打草作业、修理机械等技术。牧区打草季节熟练的装车工和修理机械的工人是最紧缺的，装车，当地多称为摆车，即将刈下的干草装到拖车上，装车技术好坏是决定每车装草量和稳固程度的关键。哈日干图没有公路，拉草车全部走草原自然路，而又因该苏木沙地和丘陵多，误车的事时有发生，装车技术不好很容易因为失去平衡而翻车，从而大大影响工作进度。

第五章

走出困境

文化根源于自然，要彻底认清文化，只有联系其自然环境，这是事实；但是，像根植于土壤的植物不是由土壤制造的一样，文化并不是由其根植的自然环境所制造的。文化现象的直接源是其他文化现象。

—— 克鲁伯（Alferrd Kroeber）

第一节　变迁带来的社会问题

哈日干图草原文化的变迁在给草原生态环境带来巨大变革的同时，也引发了其他一些社会问题。

第一，生产的高投入让中小牧户经营惨淡，无畜户数增多，贫富差距加大。

单户经营模式以及小草场定居放牧，让牧民的生产成本普遍大幅上涨，和其他加工等行业里中小企业的生存困境一样，受生产方式的转变影响最大的是牧区中小型牧户。

随着对基础建设投入的增加和劳动力成本的提高，牧民的生产性支出也大幅提高。下面是牧民 BT 家 2008 年的收入支出情况，该牧户 2008 年年末有小畜存栏 400 只，牛存栏 24 头，马 2 匹。

当年的收入项：小畜出栏 300（只）×300 元 = 90000 元

淘汰奶牛 3（头）×2000 元 = 6000 元

出售牛奶收入 60000 元

畜牧业总收入 15.6 万元（该牧户无畜牧业以外收入）

当年的支出项：柴油 5000 元

打草雇人 8500 元

羊倌薪酬 15000 元

购买饲料 30000 元

接羔季节雇人 1000 元

畜药 7000 元

冷配 2400 元

生活支出（食品、衣物、日用品）600 元 ×12（月）= 7200 元

交通及通信费 300 元 ×12（月）= 3600 元

家庭总支出为 7.12 万元

当年家庭纯收入 8.48 万元，人均纯收入：8.48 万元 ÷5（人）= 1.69 万元。

上述牧户当年无子女教育投入，无医疗卫生费，无基础建设投入，无借款。再以另一牧户 DG 家为例，看一年的收入支出情况。

家庭总人口 5 人，劳动力 3 人。

当年牲畜存栏数为：小畜 700 只，牛 55 头（其中有 10 头黑白花高产奶牛），马 35 匹。

当年的收入项：小畜出栏 400（只）×300 元 = 120000 元

大畜出栏 6（头）×5000 元 = 30000 元

出售牛奶收入 60000 元

畜牧业总收入为 21 万元

当年的支出项：打草雇人 30000 元

柴油 11000 元

羊倌薪酬 14000 元

挤奶工薪酬 12000 元

畜药 6000 元

接羔季节雇人 3000 元

购买拖拉机 33000 元

购买打草机 12000 元

购买叉车 10000 元

子女教育费用 1600 元/月 × 12（月）＝19200 元（包括在旗政府所在地的房租、孩子和陪读人员的生活费）

生活支出(食品、衣物、日用品)500 元/月 × 12(月)＝6000 元

医疗卫生费 6000 元

交通及通信费 200 元/月 × 12（月）＝2400 元

家庭总支出为 17.26 万元

该牧户当年年末借款余额有 11 万元，其中信用社贷款 7 万元（年利率 14%），个人高利贷 4 万元（月利率 5% 的 2 万元，月利率 3% 的 2 万元），当年共还利息 1.6 万元。❶

当年家庭纯收入 2.94 万元，人均纯收入：2.94 万元 ÷ 5（人）＝0.588 万元。

另负借款本金 11 万元。

从上述两户牧民的情况可以看出，目前牧民生产性支出中雇工薪酬占了很大比例，在以上两例中各占家庭总收入的 16% 和 28%。这两户的草场围栏是由自己家人来管护的，而劳动力不足的牧户则雇专人看护围栏，月薪付 600

---

❶ 所还利息包括月利率 5% 的 2 万元、月利率 3% 的 2 万元高利贷 10 个月的利息，事实上从个人贷款的高利贷的利息都是在借款的时候直接就从本金里扣除了。农村信用社的借款利息，因为在笔者调查时尚未到还息时间，因此未计入。

元。另外，这两户均有买水支出。另一项大的支出是子女教育费用，在第二个例子中占家庭总收入的 9.14%。在当地，子女进城受教育的，小学和初中阶段的孩子多有家庭成员陪读，在第二例牧户中陪读人员本身是劳动力，因陪读，不能参加畜牧业生产，为此家中还须再雇一名工人代替他（她），对整个家庭来说造成了双重损失和负担。2001 年开始陈巴尔虎旗在全旗中小学中进行布局调整，2006 年全旗苏木级小学和初中全部合并到旗政府所在地，客观上加大了牧民子女入学受教育的支出，加重了牧民的经济负担。从该旗 2011 年的数据看，纯蒙语授课的小学生人数为 730 人，其中住校生有 168 人，家长陪读或寄住的学生有 323 人。寄住费用为 600～1000 元/人·月，其他费用支出 500 元/人·月。牧民最大的生产性支出则是对基础建设的投入，在第二个例子中此项支出占当年家庭总收入的 26.2%。集约化经营强调向生产者提供贷款的机会，但事实上在本书田野地区并没有足够的贷款机会被提供，这导致私人高利贷横行，贷款牧民不堪重负。从上文所列数据中可以看到，牧民能借到的最低利息的贷款是农业信用社提供的。即使这种贷款的利息仍然很高。如果去信用社贷款，牧民还将面对手续繁杂、耗时长、在主要的生产季节无法及时贷到钱等问题，因此牧民更倾向于选择私人的高利贷。这也是草畜承包后产生新贫困牧户的原因之一。牧区高利贷横行给蒙古族牧民的生产生活造成了巨大的压力。麦金农（Ronald. Mckinnon，1973）提出的关于发展中国家的金融抑制假说与市场分割性假说，在阐述具有高利贷特征的非正规金融在发展中国家产生的体制性根源时，认为：效率低下的融资安排导致高利贷产生❶。在中国知网查阅关于农村高利贷问题研究的学术论文，在搜索到的 74 篇文章中，除十余篇明代、清代以及民国时期的研究论文之外，其余全部是关于近 30 年以来的农村高利贷问题的。从时间上看，可查到的最早的相关研究论文是在 1995 年发表的，这也恰恰反映了农村高利贷问题卷土重来的时间。

---

❶ 在政府的干预下正规金融机构的资金往往以很低的利率被配给到政府希望优先发展的城市经济部门，而农村经济部门只能从高利贷市场筹集资金。转引自丁彦皓等. 福利效益视角下的农村高利贷，经济界. 2010 (4).

草场划分到户政策的前提假设之一是，拥有同等使有权的牧民，也会拥有同等的发展机会，同等的使用资源的权利。事实上我们看到的每户资源拥有状况是很不平衡的。围栏、机井等私有化草场所必需的设施，往往被掌握更多社会资源的人们先得到，相关项目款的借贷机会亦是如此。统计哈日干图的无畜户存在一定困难——即使自己家没有牲畜，但为了生计牧民也不会无所作为。无畜户和少畜户或是将自己的草场长期流转给别人，或是在自己承包的草场上为他人托管牲畜，而在牲畜普查时这样的托管牲畜不容易被剥离，往往会登记在草场主名下，牧民也出于各种原因而不愿意承认自己无畜或少畜。不过通过其他的一些统计，仍可以侧面了解牧民的资产情况。表 5 - 1 是 2002 年哈日干图苏木各嘎查牧业机械拥有量的调查结果。

表 5 - 1　2002 年哈日干图苏木各嘎查牧业机械拥有情况

项　目	昂格日图嘎查	哈日干图嘎查	宝日罕图嘎查
嘎查牧民总户数（户）	70	101	42
小四轮拖拉机总数（台）	69	120	39
拥有小四轮拖拉机户数（户）	50	84	27
大型拖拉机总数（台）	3	17	2
拥有大型拖拉机户数（户）	2	17	1
打草机总数（台）	57	83	27
拥有打草机户数（户）	41	80	19
没有打草机的户数（户）	29	18	22
搂草机总数（台）	57	83	19
拥有搂草机户数（户）	40	80	19
没有搂草机户数（户）	29	18	22

数据来源：由 2002 年陈巴尔虎旗全旗牧民生产生活基本情况统计表（呼和诺尔镇）整理得出，2007。

根据表 5 - 1 可以总结出下面的表 5 - 2。

制作表 5 - 2 时，笔者假设：拥有两台以上大型拖拉机户不拥有小四轮拖拉机。一是因为这样的户数较少，如此计算时误差也会比较小；二是因为拥有两台大型拖拉机的牧户，无论从经济支出或是实用性上来讲，都基本不需要再添置小型拖拉机。这样整理得出三个嘎查无拖拉机牧户分别为 18 户、0 户和 14 户。在当地单户家庭生产方式下，只要牲畜达到一定规模就有必要配备相应的牧业机械，其中拖拉机作为动力机械是最为必需的。如果牧民有一台拖拉机，即使没有打草机和搂草机也可以以劳动力和拖拉机作为合作资本来和其他牧户合作打草，因为在打草作业中拖拉机损坏需要修理的情况比较多，另外，在打草场上基本都是边打草边往冬营地（或定居点）拉晒干的草，所以打草场上拖拉机的数量必须大于或等于打草机的数量。如果没有任何机械则只能以劳动力来作为合作资本，事实上就等于是牧工。因此，基于当地的总体情况，没有拖拉机的牧户一定是无畜户或是少畜户。另外，从表 5-2 可以看到，拥有大小拖拉机两台以上的牧户数很多，分别占三个嘎查总户数的 27.14%、35.64%、28.57%。而无拖拉机户则分别占总户数的 25.71%、0%、33.3%。从这两组百分比数字可看出，牧民中贫富差距较大，这种差距在昂格日图和宝日罕图两嘎查尤为突出。

表 5-2 哈日干图牧户的牧业机械拥有量

项 目	昂格日图嘎查	哈日干图嘎查	宝日罕图嘎查
拥有两台以上小四轮拖拉机户数	19	36	12
拥有两台以上大型拖拉机户数	1	0	1
拥有两台以上打草机户数	16	3	8
拥有两台以上搂草机户数	17	3	0
无拖拉机户数（约）	18	0	14

"缺乏外在表现行为的强化作用，个人早期确立的价值态度体系就会减弱乃至消失。与此同时，旧有的似乎很少完全去除，也较少被与他所存在的文化环境相调和的体系所代替。同化了的个人可以用新社会的文化方式去学习、行动甚至去思考，但他无法用此去感觉，在要作出决定时，他发现自己没有固定的参照点❶。"看无畜户对自己未来的态度时，有一点是不可忽略的，即，在

---

❶ ［美］拉尔夫·林顿. 人格的文化背景 ［M］. 于闽海，陈学晶，译. 桂林：广西师范大学出版社，2007：113.

集体联合式的畜牧业生产中，劳动力不足、健康状况不佳或经营不善的牧民在理论上来说，只要条件有所改善或自己下决心努力，随时都有机会翻身，有机会转变自身经济状况。但在"双权一制"政策实施后，无畜户获得起始资本的机会变得更少了。没有固定资产的牧民基本上没有机会获得贷款，尤其是在将草场长期转让出去后，牧民在很长的时间内都没有了最主要的生产资料——草场的使用权，因此也就没有了重整旗鼓的根本基础。无畜户一旦出现，东山再起的机会就会变得十分渺茫。

第二，社区原有秩序和社会人际网络破碎，草原消费者群体内的文化与情感约束机制消失，成为生态环境破坏的新豁口。

实行草原承包经营制以后，牧区草场纠纷逐年递增，影响到社会的稳定发展。据内蒙古自治区锡林郭勒盟中级人民法院的统计，引发草场纠纷案件的主要原因是牧户之间所承包的草场边界不明确，从而争夺草场发生纠纷。因草场承包经营权的流转而引发的纠纷，绝大多数也是由于草场界限不清所致，因婚嫁或继承问题也发生一定比例的草场纠纷。草场分包到户后有马群进入打草场而引发矛盾的事情时有发生，也有故意放马群进入打草场的情境。陈巴尔虎旗法院统计显示，2004—2008 年，因草场纠纷问题而立案审判的案件数分别是：2004年，5 件；2005 年，9 件；2006 年，11 件；2007 年，15 件；2008 年，8 件。❶

现代文化中，道德和自觉仍然发挥着一种规范和逻辑的作用，这不是市场和利润的规范与逻辑，而是正与它们相对立的，要抵挡它们的。新的草场管理制度对牧区社会的传统文化、道德自觉都产生了很大的冲击。"文化和文明给人类带来的不是幸福，而是得到幸福的条件。从人类文化的目的来说，也不是要使世俗的享乐得到实现，而是要使自由即真正的自律得到实现。这种自律并不在于人类对自然的技术性驾驭，而在于人类对自身的首先性控制。"❷ 斯图

---

❶　更多的草场纠纷是由农牧局草原站、苏木各政府和嘎查及牧民之间协调解决，大事化小小事化了，因此能到法院起诉进入司法程序的案件在此类纠纷中只是极少数的一部分。

❷　[德] 恩斯特·卡西尔. 人文科学的逻辑 [M]. 关子尹，译. 北京：中国人民大学出版社，2004：183.

尔德认为，"唯有在基本的生计因素许可的情况下，宗教仪礼，或艺术，或为声望而竞争的精神发展才有可能"。❶

农业社会中，一块地和另一块地相互之间并无明显的联系，也不太相互影响。资源均质程度越高，不同区域间的相互影响就越低。草原的生态资源条件决定了草原社会实现趋社会情感❷培育的方式。趋社会情感是一种导致行为者作出合作行为的生理和心理反应。一些趋社会情感，包括羞耻、负罪感、同情以及对社会制裁的敏感性，导致行动者承担建设性的社会互动行为，而另一些趋社会情感，比如对背叛规范者进惩罚的愿望，则会使搭便车的行为在群体合作时减少。简单地说，趋社会情感是处于社会中的人们，对某一种现象的情感反映。所有人都喜欢的或者所有人都唾弃的这种情感，反映在同一个文化环境里是有高度的共性的。

因为草原资源的分布有极高的异质性特征，所以草原资源只能作为公共资源来共同利用。举个例子来说明这个问题：在一个公共游泳池里，一旦有一个人在水里便溺，必然会导致所有人都不能再游泳了。所以在国外，学者也称这类公共资源为公共池塘资源。这是个最坏的结果，说最坏，是因为这么做了之后，他自己也不能游泳了。在公共资源利用为主的社会里面，人们是通过保护他人的利益来使自己的利益得到保护的。蒙古人搬家的时候会清理住过的地方，有坑就一定要填实。这是为了在别人迁徙到这片区域的时候，不至于被之前的坑绊了马腿，不会有牲畜因吃了前面的人扔掉的塑料、铁钉之类的异物导致伤亡。同样的，他们即将迁过去的地方，原来在那儿的人也会这么做，他们也就不会遭受意外损失，所谓帮别人就是帮自己。但需要所有人都这么想，这种社会秩序才能进行得下去。现在我们看到的是，由于一部分人不遵守秩序，导致共同的趋社会情感被消解，逐渐所有人都不遵守了。环境因此就破坏了。

---

❶ [美] E. 哈奇. 人与文化的理论 [M]. 黄应贵，郑美能，译. 哈尔滨：黑龙江教育出版社，1988：114 - 131.

❷ [美] 萨缪·鲍尔斯，[美] 赫伯特·金迪斯. 人类的趋社会性及其研究——一个超越经济学的经济分析 [M]. 汪丁丁，叶航，罗卫东，译. 上海：上海人民出版社，2005.

长此以往所有人都没有资源了。

在以合作为基础的游牧社会制度关系中，每个个人需要通过维护整体利益来维护基于前者的自身利益。这个过程表现为：个人通过影响其他人对自己在某种情况下的行为的预期来达到限制与他互动的其他人的行为，即以对自身利己行为的限制来提高他人利他行为的预期，以获得对自身利益的保障。新的产权制度中，牧民社会中原有的"合作"关系转变为"竞争"关系，这同时也让个人的上述行为方式发生了逆向转变。对个人价值的评判标准也趋于经济利益导向型，牧民间相互侵占草场、大户吃小户、贫富差距拉大等问题随之出现。观念不是无端生成的，而是在个体的经历中形成的。群体策略中的人们必须意识到，社会结果是他们互相选择的产物，他们的选择会影响到其他人的选择。合作关系的缺失给牧民社会的内部社交网络造成巨大损失。牧民间的相互约束和扶助机制不再起作用，牧民之间的信任和合作的真空让牧民社会不再具有共同的趋社会情感。

社会的运行结果，是每个人和与之互动的人互相依赖策略的产物，所以在完全自然状态下的实际冲突中，每个人都会设法限制他人的策略以确保自身选取的策略。影响他者的行为、限制其选择，即扩大了自己行为的选择预期。在互动中获得成功的行为人，在未来场合会尝试重复这种限制行为。不同的动机形成了不同的草原资源消费群体，这些群体通过互动过程，了解彼此的利益获取策略。传统草原文化中的人将自己视为整个资源系统中的一部分，而新增的资源消费者与草原环境的关系却变成人单方面的索取。当一部分资源消费者如投资牧民和工矿业这样的，因采取完全不同于草原文化原有体系中的利益策略而获得丰厚的回报，这会鼓励他们重复这种策略行为。而这又会对其他如专业牧民❶这样的资源消费者形成策略选择压力，在这样的压力下，草原文化原有主体也正在放弃自身的文化，以回避其他消费者对自己行为策略的限制，扩大自己行为的选择预期。

---

❶　此处"专业牧民"指归属于当地嘎查集体，依法承包，获得草场经营权和管理权的牧民。以区别后文中出现的无草场经营管理权，但也经营小型畜牧业的"非专业牧民"。

蒙古人的生态哲学和游牧文化的行为方式在人类社会上得到很高的评价，被视为环境友好型生产的典范。但笔者更愿意这样理解蒙古族的游牧文化，也许在游牧文化和相应哲学思想成形之初，游牧人的祖先已有过这样的经历：把一块儿草原糟踏完之后走掉了，然后转来转去又转回来了，发现这块儿地方无法生活了，才知道得保护。慢慢地，越来越多的人意识到同样的问题，就形成了现在我们看到、体会到的游牧文化。文化的诞生一定是物质活动的结果，但文化发展到了一定阶段时便又成了那些活动产生的原因。以上论述仅是笔者对历史的一种猜想，无论历史怎样，蒙古人保护环境的思想和行动，是由这个生态环境所决定的文化所指导的，他们知道只有这么做才能更好地保护自己以及子孙后代的利益。我个人更愿意理解为，这是人类自私心理的最高尚的表现形式。

第三，牧民被教育、医疗等社会公共服务边缘化。

实行"双权一制"，草场承包划分到户后，牧民生活中产生的一大改变就是居住地的选择，即永久性房屋、棚圈以及其畜牧业生产所需基础建设设施的建筑地点。20世纪50年代开始，内蒙古鼓励在有条件的牧区推行"定居游牧"，60年代建立生产队制后，哈日干图苏木的两个嘎查均选址建立了嘎查队部办公室，并依托队部建了嘎查牧民的定居点。嘎查定居点中的教育、医疗卫生、文化设施等也逐步建立起来。大游牧时代的弊病——医疗资源缺乏、教育滞后和设施短缺等状况得到解决。这些基本解决了牧民，尤其是妇孺、老人、儿童急切需求社会福利的问题。80年代末，嘎查上的小学被撤销后，苏木定居点上建起了学校并具备住校条件，尽管最远的孩子每隔一个月或两个月要赶40里路才能回一次家，但学校条件的改善以及牧民对子女教育的重视程度的提高，仍让家长们愿意往返接送孩子。还有一些牧民（夫妻一方在苏木定居点有固定工作或家中有剩余劳动力的）在苏木定居点买房让孩子可以走读。

进入21世纪，教育资源分配不均和盲目撤乡并镇与撤点并校，加重了牧区人民的教育投入负担，成为家庭开支中比重很大的支出项，甚至导致因教致贫现象。❶ 草场承包后，因为草场管理全部由牧民自己负责，为了更好地保护自家草场，大多数牧民选择了在自家承包草场上建永久性房屋，盖不起房子的牧民只能在承包草场上扎蒙古包，又一次远离了各类公共服务。50 年代以后推行的定居游牧政策的优点在很大程度上被消解。2000 年，陈巴尔虎旗执行内蒙古自治区撤乡并校的政策，开始了逐步取消、合并苏木镇的中小学。2001年哈日干图汉校并到完工小学，蒙古族小学于同年并入旗民族小学。哈日干图苏木被撤销，并入呼和诺尔镇，原定居点上设立了一个有 5 位工作人员的办事处。随后邮局、农村联合信用社、供销社等政府公共机构撤走或并到上一级单位，派出所实际上变成了治安室。对于苏木草场管理，办事处效用甚微。盗挖草药、牧户相互侵占草场、局部草场破坏退化以及牲畜偷盗等问题层出不穷。牧民原来只需要苏木定居点就可以享受到的公共设施和公共服务，此时只有去旗政府所在地或镇政府所在地才能获得。

第四，消费草原资源者对草原环境的关怀度下降。

少畜或无畜的贫困牧民或将草场租赁出去，或在自己的草场上放牧外来投资人的牲畜。因为不对草原直接进行管理，或者因为对经济利益和未来生活的预期较低，这部分牧民的环境关怀度变得比较低。理应对草原最为关心的专业牧民对草原环境的关怀度也不甚乐观，主要原因是他们对家族未来居住地的期望已不在草原。计划生育作为国策在全国推行，虽然蒙古族家庭可以生育 2 名子女，持牧民户口的牧户视条件可酌情放宽至生育 3 名子女，但内蒙古牧区，牧民家庭的独生子女化现象仍然十分普遍。2001 年开始，内蒙古实施"撤乡并镇"，乡镇被合并的同时各乡镇的学校也被合并到了旗县政府所在地。牧民的子女从入幼儿园开始便需要在学校或亲戚家里寄宿，比起新中国成立后至20 世纪末这段时期，现在牧民子女离开家庭，离开畜牧业生活和牧民社区的时间提早了 5 ~ 8 年。近年来政府对教育的鼓励和投入力度逐年加大，同时由于孩子数量的减少，牧民家长们对子女教育的重视程度也有了很大的提高。牧

---

❶ 中新网 2009 年 8 月 17 日电 最新一期《求是》杂志载文指出，中国部分地区的农村学校布局调整失当，导致辍学率出现反弹，没有实现预期目标。

民子女受教育程度越来越高，少儿至青年时代离开草原的时间越来越长，返回草原生活的牧民后代越来越少。初高中毕业后未有机会进一步深造的牧民子女，因为与牧区生活隔离的时间太长，回来后也会变成"牧盲"，因而宁愿留在城市里寻找生计。

图 5 - 1　草原上的孩子们（摄影 朝乐门）

柴军在新疆牧区的一项调查表明，牧民生产决策的目标包括：①过轻松自由的放牧生活；②将牲畜、草场作为财产留给自己的下一代；③做一个受人尊重的牧民；④通过销售牲畜获得更多的收入；⑤提高家庭的生活水平。利用配对比较法我们发现，牧民的生产决策中第 2 项"将牲畜、草场作为财产留给自己的下一代"是最重要的生产目标，第 4 项"通过销售饲养牲畜获得更多的收入"次之。● 随着子女对未来居住地远离草原的期望越来越强烈，牧民对草原生态环境的关怀度也随之降低。对于牧民后代来说，因为过早地离开牧业生活，幼年时缺少关于游牧传统和畜牧业知识的启蒙环节，以及对外面世界的向往和对艰苦的牧民生活的逃避，即使没有考上大专院校的孩子，也不肯再回草原。在本书主要田野点外的 H 嘎查，全嘎查人口为 198 人，25 岁以下从事畜牧业的人口仅为 4 人。在邻近的 B 嘎查，这个数字则更少。该嘎查的人均收入

● 柴军. 牧民生产决策行为与草地退化问题研究［M］. 北京：中国农业出版社，2009.

在所属旗各嘎查中属中上水平，由于集体经济的雄厚实力，如果家庭没有能力供考上大学的孩子读书，嘎查方面会全额资助，对所有考上大专院校的学生提供数额不等的学费补助，因此 240 余人的嘎查里累计考出了 30 多名大专生。牧区人口教育程度的提高是件令人鼓舞欣慰的事，然而在另一方面，牧区青年人口数量降低过快，让上一代牧民在为牧区很可能变成"无人区"忧心的同时，也削减了关心草原生态的心情和动力。

对于投资性草原资源消费者即多数"非专业牧民"来说，他们不拥有草原，从产权上来说他们不是草原的主人，而只是租客。政府机构里的人员，则是一些生活在草原之外的人。公务员相对丰厚的工资收入和对子女教育、居住环境等条件的追求，造成大部分在草原上工作的政府人员不生活在草原的现象。苏木政府的工作人员家在旗县政府所在地，旗县政府工作人员的家在盟市政府所在地，这些情况在内蒙古牧区相当普遍，各级政府的工作人员上班时住在单位宿舍，周末和节假日回镇上或市里的家中，各别机构有工作作风松散的，其职工一周有大部分时间不在岗的也不足为奇。由于采取干部轮换制度，各级政府的主要领导人多非当地人，因此草原牧区的领导只能频繁往来于城市和草原之间。政府机构的工作人员在草原资源消费者构成当中的地位比较特殊，他们既是草原资源的消费者，也是草原资源的上层管理者。这部分人与草原的脱节，深刻地影响了草原环境可能受到的关注和关怀程度，如同本该尽父母之责的人现在只管做保姆的工作。领导干部不出身于牧区，不居住于牧区，不了解牧区，既是畜牧业被边缘化的原因，也是畜牧业边缘化的结果。

对工矿业从业者来说，他们及其下一代人的未来则更与草原无甚关联。进入草原地区的企业多为大企业集团的分支机构，对于这些企业的职工来说，草原只是个作业地点，他们与草原的关系全都取决于企业。几乎所有的企业在草原的进驻都是临时的，驻地时间随企业利润而定，如果从草原获取的资源不足以满足其对利润的期望，这些企业随时可能撤离。

除此之外，河流、湖泊等关键资源的分割造成牲畜营养摄取失去平衡，牲畜疾病频发也是草原牧民面临的忧患之一。放牧牲畜转为舍饲饲养，牲畜机体出现应激现象，引发疾病，如腹泻、消化不良、食欲减退、自体中毒、肺炎、流产、妊娠毒血症和寄生虫病等。引起这些应激现象和疾病的原因有几方面：①瘤胃微生物系统环境的改变，引起机体消化紊乱；②饲料中蛋白质的不足；③碳水化合物的不足；④矿物质和维生素的缺乏——这也是引起受胎率降低和妊娠母畜体内胎儿早期流产的主要原因。[1] 2002 年春，内蒙古苏尼特左旗北部伊拉勒特嘎查多户牧民的羊羔不仅一出生就站不起来，而且大批死亡，其中布某的羊羔死了 240 多只。后来在北京化验确诊为"钼中毒导致的铜缺乏症"。原因是牲畜长期采食富含钼元素的单一类型牧草。在田野调查中笔者发现沿海拉尔河放牧的嘎查，母牛空犊率和流产率都比较高，当地畜牧部门尚未查清原因，但当地牧民认为是海拉尔河受上游造纸厂污染，牲畜饮用受污染河水所致。因此当地有条件的牧民自己在草场上打机井，没有能力打机井的就尽量买水解决人畜饮水问题，但仍然有相当一部分牧民用河水喂牲畜。

我们现在看得到的草原牧区问题，无论是生态、草原产权制度、教育布局、干部制度等，都不是单个存在或单个出现的。这些问题通过一个个牧民、一户户家庭的具体情况相互联系，但有关部门解决问题的思维却过于线性。政府各部门之间和各专业学科之间的沟通壁垒将这些问题片面化，造成问题与解决的方案不对称，不衔接。政府，尤其是地方政府在实施上级政策时有"简单的现代化"思维。放眼现代社会，"现代化"或"先进化"的概念已经脱离机械现代化的藩篱，"和谐""可持续"的内在含义越来越被注重。但政府决策相比世界性新共识和新的学术研究成果有其滞后性，这导致地方政府在决策和政策实施过程中仍存在"简单"行政甚至"粗暴"行政。

第 二 节　政 府 的 办 法

早在 20 世纪 60 年代，我国学术界就曾提出过"以草定畜、草畜平衡"的

---

❶　章树林，塔布斯，海拉提. 牧民定居后牲畜发生应激及其预防［J］. 新疆畜牧业，2000（1）.

概念，但在当时特定的社会经济条件下并没能得到主流思想的重视和有关各界的普遍的认同，因而没有推广实施。1985 年颁布的《中华人民共和国草原法》中，虽然也包含了草畜平衡的内容，但是没有对草畜平衡制度加以明确，也没有设立具体的实施细节。20 世纪末和 21 世纪初，随着草原生态问题不断显现，沙尘暴、江河断流等生态灾难的出现，生态安全问题日益严峻。在对草原建设加大投入的同时，党和政府开始重视草畜平衡问题。国务院 2002 年 9 月发布的《关于加强草原保护与建设的若干意见》（国务院 2002 年 19 号文件），明确提出要推行草畜平衡制度，并作出了相关的政策规定。2003 年 3 月 1 日实施的新修订的《中华人民共和国草原法》，以法律的形式明确规定"国家对草原实行以草定畜、草畜平衡制度"。2005 年，农业部发布了《草畜平衡管理办法》，并于当年 3 月 1 日正式实施。这一办法对开展草畜平衡工作的基本原则、各级草原行政主管部门及草原监理机构的职责、草原载畜标准的制订、草畜平衡的核定与抽查、草畜平衡的日常管理等作出了详细具体的规定。

在草畜平衡的实施方面，内蒙古自治区是起步最早、推进最快的省份。2000 年，在国务院《关于加强草原保护与建设的若干意见》尚未出台之前，内蒙古自治区就率先开始了草畜平衡管理的试点示范工作。2000 年内蒙古自治区政府发布了《内蒙古自治区草畜平衡暂行规定》和《关于开展草畜平衡试点工作的通知》（内政办字［2000］160 号文件），选择东乌旗、正蓝旗、阿鲁科尔沁旗和杭锦旗 4 个旗及其他县（旗）的 19 个苏木作为试点，组织制订了《草畜平衡试点工作方案》。经过两年多的试验推广，试点的范围逐步扩大到全区几乎所有的牧区县旗，2003 年部分盟市已经进入全面推广阶段，其中锡林郭勒盟草畜平衡工作推行的力度最大。到 2003 年年底，全盟的牧户都签订了"草畜平衡责任书"。甘肃省肃南裕固族自治县政府也于 2000 年出台了《关于在全县推行以草定畜、草畜平衡的意见》，启动了草畜平衡试点工作。

按照《中华人民共和国农业行业标准 NY－T 635－2002——天然草地合理载畜量的计算》规定，载畜量的概念是这样的：一定的草地面积，在一定的利用时间内，所承载饲养家畜的头数和时间。载畜量可区分为合理载畜量和现存载畜量。草地的合理承载量，其含义为：在一定的草地面积和一定的利用时间内，在适度放牧（或割草）利用并维持草地可持续生产的条件下，满足承养家畜正常生长、繁殖、生产畜产量的需要，所能承养的家畜头数和时间。现存载畜量指一定面积的草地，在一定的利用时间段内，实际承养的标准家畜头数。该行业标准的家畜单位均以羊为单位计算。草地可食产草量的测定包含放牧草地可食产草量和割草地（打草场）可食产草量，上述两个项目分别包括暖季和冷季可食产草量。其中放牧地可食产草量的计量方法为：齐地面剪割草地地上部可食牧草称量，折算成含水量14%的干草。割草地可食产草量的计量方法为：割草地牧草达到最高月产草量时进行割草，剔除其中的不可食和毒害草，称量可食牧草，再折算成含水量14%的干草。割草的留茬高度：草层高30~80厘米的中草草地为5厘米；草层高80~120厘米的高草草地为10厘米；草层高大于120厘米的特高草地为20厘米。草地可食草产量还考虑到了草场产量的年际变化即产草量的年变率和牧草再生率。

全年利用草地可食草产量计算公式为：$Yy = Ym × （1 + Gc） ÷ Ry$

公式中Yy——全年利用草地可食草产量，单位为千克/公顷；Ym——实测的含水量14%之草地可食干草产量（取春、夏、秋、冬四季每季的季中测定之草地地上部可食草生物产量的平均值），单位为千克/公顷；Gc——草地牧草再生率（%）；Ry——草地产草量年变率（%）。

草地牧草再生率和草地产草量年变率的参考标准分别见表5-3、表5-4。

表5-3　不同类型草地的牧草再生率

草地类型	牧草再生率（%）	草地类型	牧草再生率（%）
热带草地	80~180	暖温带次生草地	10~20
南亚热带草地	50~80	温带草甸草地	10~15
中亚热带草地	30~50	温带草原草地	5~10
北亚热带草地	20~30	温带荒漠、寒温带和山地亚寒带草地	0~5

表 5 - 4　不同草地类型区域的产草量年变率

草地类型区域	产草量年变率（%）	
	丰年	歉年
草甸草原区	115	80
典型草原区	125	75
荒漠草原区	135	55
草原化荒漠区	140	60
荒漠区	150	60
暖温带草丛、灌草丛区	115	80
热带、亚热带草丛、灌草丛区	110	85
山地草甸、高寒草甸、低地草甸区	110	85
沼泽区	105	95

　　尽管草畜平衡政策中提供的草场产草量的计算公式尽可能多地考虑了影响产草量的因素，但由此核定出的载畜量却可能与现实存在巨大差距。因此载畜量公式计算结果的准确度尚有疑问。

　　运用上述公式进行计算时，除 Ym 为实测数之外，草地牧草再生率和草地产草量年变率均为按地球不同气候带或不同草场类型分类的大概数字。内蒙古草原生态环境具有高度的空间、时间异质性。那里没有如同南方梅雨季节一样覆盖大面积范围的同质性气候规律。在草原上眼看着相邻的草场三两天一场雨，几里开外的地方却可能整季都没有有效降雨。冬、春季的风力和降雪量区别也同样如此。按照草畜平衡管理办法规定，地区核定载畜量应由县级人民政府草原行政主管部门根据农业部制订的草原载畜量标准和省级或地（市）级人民政府草原行政主管部门制订的不同草原类型具体载畜量标准，结合草原使用者或承包经营者所使用的天然草原、人工草地和饲草饲料基地前五年平均生产能力来制订。内蒙古的纯牧业旗县面积比较大，比如东乌旗 4.73 万平方千米、西乌旗 2.3 万平方千米、鄂温克旗 1.9 万平方千米、新右旗 2.52 万平方千米。以东乌旗为例，其面积接近宁夏回族自治区，新右旗的面积相当于浙江省的1/4。以这样大面积的高异质性生态环境为基本单位来制订理论载畜量，是很难反映真实承载力的。

牧民是在放牧"胃群"还是在放牧"畜群"?

草畜平衡管理标准以羊单位为标准家畜单位。其他家畜的换算标准依次是:牛为5个羊单位,马为6个羊单位,骆驼为7个羊单位,绵羊和山羊同为1个羊单位。这样的计算方法,等于是将各种家畜计算成了一个个胃袋,按不同的胃容量来计算耗草量。不同的家畜有其各自适口或喜食的植物种类,对植被的需求也有很大不同。比如马门齿上下颌均存在,适于切草,因此喜食高草,牛吃草则是要用舌头卷着吃,骆驼喜食灌木丛嫩茎叶、带刺植物。马和牛吃过的草场,羊还可以吃,而高草草场上,如果牛、马没有先吃一遍,羊就无从"下口"。草种不同,营养价值也不同。整体上来讲,湿地的草营养价值不如典型草原的高,典型草原的草种,尤其是豆科、菊科及藜科植物不如丘陵地带多,因此丘陵和低草草原的羊肉味道比前者更好些。核定载畜量所依据的草场产草量是剪割草地地上部可食牧草称量,折算成含水量14%的干草得出的,虽然理论要求去除有毒植物和不可食草种,但在实际操作中比较难做到。退化草场的产草量并不一定低,但因为牲畜无法采集的杂草和劣质草多,如果仅以草产量来做标准,显然会与草畜平衡的初衷南辕北辙。

草畜平衡管理办法在放牧畜牧业中最不适宜之处在于,它完全没有考虑牲畜对草场的践踏量。牧民普遍认为牲畜的啃食和践踏对草场的影响至少各占一半,"牛羊吃是吃不了多少的,但在一个地方转悠久了,踩草场太厉害"。(2008年访谈)牧区自古有"蹄灾"之说,说的就是牲畜践踏过度造成的草场破坏。但如同前面提到的边境线围栏内草原的例子,完全不经牲畜践踏的草原又成了无法放牧的荒草丛。我国著名的草原学家任继周院士认为:"载畜量是指以放牧为基本利用方式,以放牧季节内适度放牧为原则,包含放牧时间、家畜数目、草原面积三项因素的一种评定草原生产能力的指标。"这里所说的放牧时间,是指牲畜在一定时间内在一定草场上停留的时间。这恰恰是蒙古族游牧生产一直在遵循的规则——通过多次迁徙来限制牲畜在草场上停留的时间。但目前实施草畜平衡标准以全年的产草量来衡量全年现存牲畜的"胃量"，这已然与放牧畜牧业的事实相悖，与草畜平衡同步推行的草场承包制度则在客观上缩小了牲畜可停留的草场面积。

事实上，且不说牧民从千百年来的游牧生产经验中总结出来的经验，单就牲畜与草场的良性互动关系，学术界人士也很早就有了客观的认识。任继周院士经研究发现，牧草生长期内，将一片草场放牧的时间控制在两周之内，那么牧草生产力可以翻番。中国管理科学研究院终身研究员、内蒙古社会科学院研究员额尔敦布和先生认为，必须考虑牲畜啃食对牧草生长的正面刺激作用。现行政策和指导思想认为牧草和牲畜之间的关系是 1 － 1 = 0，这是不对的。因为牲畜对牧草的适量啃食对牧草生长产生正面刺激，达到的效果事实上是 1 － 1 > 0。而如果牲畜啃食和践踏过度，又会引起草原植被退化，就成了 1 － 1 < 0。禁牧和草畜平衡政策开始实行后，在内蒙古多个地区对围封草场的质量和产量进行评估，其结果也都支持了牲畜适度啃食和践踏量对草场的正面作用。

2004 年在沿东乌珠穆沁旗到乌拉特后旗的中蒙边境线进行的一项调查显示，东乌珠穆沁旗围封 30 年的边境围栏内大针茅变为优势种，羊草几乎消失，杂类草数量增多；乌拉特后旗围栏内灌木成为优势种，灌木周围几乎没有植被，地表裸露，风化水蚀导致出现雅丹地貌。围封 30 年不利用的草地并未达到顶极群落，地表植被覆盖反而变差，草地植物结构趋向单一，生态系统退化明显。笔者在 2009 年 9 月在东乌旗旅游时也特意关注过其边境线，在一段不到 300 米的路上杂草几乎没过头顶，蚊子多得睁不开眼睛，只能眯着眼睛跟在边境哨兵模糊的背影后面走。农业上有"生地""熟地"之分。畜牧业其实也有"生""熟"草场。完全无人畜介入的草原或多年无人畜活动干扰的草场，其实是无法作为放牧场使用的。上述的情况，同样出现在呼伦贝尔的中俄、中蒙边境线上。今年夏季，呼伦贝尔新右旗全境无雨，呼伦苏木的部分牧民游牧到国境线周边，然而由于草太高，小畜根本无法放牧，留下来的大畜也在停留半个月后陆续返回。因为国境线附近蚊虫太多，牛群无法吃草造成迅速掉膘，甚至有些牛的眼睛被蚊虫叮咬致瞎。由此，上述"生"草场并不被牧民所喜欢。事实上无论是牧民强调的"自然草场"，还是蒙古族文学艺术作品中赞美、演绎的"草原"，都不是纯粹的生态意义上的"草原"，而是有游牧社会参与的、人文化的草原。他们向往和关心的是文化景观，是具有可持续给养能力的草原，而不是那些简单粗暴地认为"把人完全剔除掉的纯粹的自然"的看法。

草畜平衡管理是基于人工草场和养殖畜牧业制定出的办法，而非基于天然草场和放牧畜牧业。养殖畜牧业（或称"农区畜牧业"）也并非是现代化畜牧业，而是农业的一种形态，以舍饲、半舍饲为主要形式的耗粮型家畜养殖业。《草畜平衡管理办法》第七条规定：县级以上人民政府草原行政主管部门"应当……支持、鼓励和引导农牧民实施人工种草，储备饲草饲料，……推行舍饲圈养……"。农业部出台的《草畜平衡管理办法》是面向全国的大农业管理方法。包括内蒙古在内的放牧畜牧业区虽然是我国大农业的一个组成部分，但其畜牧业生产的主要限制因素——自然气候、生态条件，与广大农区有明显的差别。只计算牲畜的胃容量而不考虑牲畜与草场之间的互动关系，机械套用草畜平衡管理，在放牧畜牧业区并不是个合适的选择。内蒙古现存牧区大部分属干旱、半干旱草原，土壤条件和降水及地下水条件并不适宜发展人工草地，如果让牧民为因舍饲圈养所增加的物力、人力投入来买单，客观上会降低内蒙古牧区的生产效率。所谓效率，是单位投入与单位产出比。对于畜牧业来说，就是饲料、劳力的投入与畜产品之比。可持续发展，是指维持生态系统健康，不因生产而衰败。人工草地，事实上即是草地农业，发展人工草地会加重不适农地区的生态压力，不利于草原区的可持续发展。

草原的产出应该是狮子还是耗子？

很多人对这个故事并不陌生。小说《飘》的作者玛格丽特·米切尔有一次参加作家聚会，一位不知名的作家在向她喋喋不休地讲述了一通自己有多少多少作品后，带着充满自得的口吻问玛格丽特出版过多少本小说，玛格丽特回答说："一本。"当这位作家以极为不屑的语气再问她小说的名字是什么时，玛格丽特平静地回答："《飘》。"那位作家旋即哑口无言。耗子一年当中可多次生产且每胎多子，但生出来的都是耗子。狮子一胎只生育极少数幼崽，但那是狮子。

新西兰的"全草型"畜牧业，是目前世界上能量转化效率最高的畜牧业系统。其资源投入为英国的 1/4～1/3，成本为西欧的 1/8～1/6。虽然产量比较低，但因其质量上佳而在国际市场上拥有无与伦比的竞争力。这样的畜牧业循环系统和竞争优势，正是我们已经拥有了的。内蒙古畜牧业的优势在于其以天然草原为基础的放牧畜牧业方式。如果按唯产业化是优论来说，那么超市的货架上永远不会出现比普通同类产品高出几倍甚至几十上百倍价格的有机农牧产品。放牧畜牧业的生产能力是有限的，这恰恰也是其优势所在。我们更应该探索的是如何发挥得天独厚的质量优势，将其打造为高端产品，给挑剔的市场标准提供更优的选择，而不是想方设法将一头狮子换成一大群耗子。在内蒙古退耕还林还草的地区，圈养羊的单价低于散养羊❶。目前虽然部分牧区已经有圈养羊，但内蒙古的羊肉打的仍然是天然草场的牌子，所以市场价格差异尚未明确。然而一旦舍饲牧业区确定边界，其对相应畜产品的市场价格影响是可以预见的。有农业经济学专家认为，传统的牧业并不是不适合市场经济，而是市场经济还不完善。政府在流通领域和牧民产品与市场对接上没有起到合适的作用，更多时候把牧民直接甩给市场，使牧民单枪匹马地面对市场的盘剥。目前为止，内蒙古牧区没有一个有规模有效率的畜产品交易市场，牧民卖牛羊仍然要靠二道贩子的收购。政府的作用不是教牧民卖什么或怎么卖，而是为牧民提供合理的融资渠道，并修建市场，保证牧民生产的商品有地方去卖。

北京大学的李文军教授认为："草畜平衡只是个目标，而非手段。草原管理的关注重点应在于影响生态系统的脆弱性和降低承载力的自然因素及管理行为，而不是作为阈值的承载力本身。"除去生态系统不可控的因素，草牧场的管理是完全由人来控制的。牧民长期的生产生活经验积累出了丰富而灵活的草原资源管理智慧。经验科学也是科学，但游牧畜牧业的生产管理中最为珍贵的"灵活性"，恰恰是如今造成政府与牧民行动原则差异的原因。牧民可以根据

❶ 郭欢欢，等. 退耕还林工程对农户生产生活影响研究 [J]. 中国人口·资源与环境，2011，21（12），110－114.

对草场状态的判断和对年景的预测来调整牲畜头数的保有量，这比政府五年定一次的载畜量调整更为灵活有效；牧民可以靠不定向的迁徙来实现"避灾"，而不是靠巨大的人力物力投入来"抗灾"。牧区内的牧民具有很高的固定性和经验的延续性，而政府却是由人员流动性非常高的团体组成的。政府官员很难在五年甚至更短的任期内对辖内的自然、生态、人口、文化做到了如指掌，若无具体的理论和技术提供实施路线，政府对牧民将无从指导。牧民用经验来判断的养畜量、迁徙时机和方向没有清晰的理论依据、预期性和量载方法，而政府需要可操作性——这才是矛盾的根本。没有可操作性或操控性、没有标准，政府就无法做事。何况牧民对天气、草场状况、牲畜膘情等的判断也并不总是万无一失。而载畜量却是个明明白白的数字，如果以此来定可蓄养的牲畜头数，所定标准可以迅速实施。

我们为什么需要草原？

以 Costanza 为首的生态学认为，生态系统服务代表人类从生态系统和生态过程中获取的利益包括两部分：一是生态系统产品，如食品、原材料、能源等；二是对人类生存及生活质量有贡献的生态系统功能，如调节气候及大气中的气体组成、涵养水源及保持土壤、支持生命的自然条件等。❶ 笔者认为，生态系统服务还应包括第三部分，即人类从健康的生态系统中获得的精神给养。假设一个人被隔离于自然生态之外，完全生活在钢筋水泥中，即便可以获得充足的食品、物质，有清洁的空气、水输送进来，但最终仍难逃崩溃。人的躯体是其精神的承载体，躯体的健康所需的远远不只是食物和空气。一种萎靡的、被禁锢的精神状态，负载它的必然也是一个萎靡、病态的躯体。

以载畜量为纲的政策思维更大的漏洞在于没有考虑文化对人的影响和其保护社会安定所起到的作用，忽略了文化间的抵触和不同文化的接受、适应之艰难，以及由此可能引发的对社会整体的影响。目前内蒙古牧区一线牧民仅有一百多万人，如果只考虑满足生活需求，依我国目前的国家经济能力，按当地平

---

❶ Costanza, R. The value of the worlds ecosystem services and natural capital, Nature, 1997, 387: 253 – 260.

均水平来给这些人提供经济补助绝非难事。但相比每月按时领取高额补助，无所事事，对未来没有期望的"供养"公民群，一个可以在平稳的社会环境和相适的文化环境中以劳动获利的牧民社会给其成员带来的幸福指数和精神充实度，以及对和谐社会的保障力量是绝不容忽略的。

牧民和政府不能进行有效沟通的主要原因在于对"游牧"本质理解的偏差。在以农耕生计为代表的定居模式中，"居无定所"是种极悲惨的生活状态。人怎么能"逐水草而居"呢？人怎么能"跟着牲口走"呢？"居无定所"等于没有家，没有家的生活怎么能和谐、幸福呢？汉语的草原顾名思义是指"长草的原野"，但蒙古语里的草原直译则是"草原家"。牧民将自己固定的迁徙地称为"nutug"，意思是含有权属意识的"家园"。蒙古语中没有以房子或任何建筑称为"家"的词，家的概念或以居住地"nutug"来表示，或以"manaihin"即我的家族（突出作为成员的人）来表示。汉语的"草场"可以表达人的权属，但蒙古语的"草场"（belcheer）则只是针对畜群来说的，汉语的"我的草场"，在蒙古语中只能表达为"manai nutug"，即"我们（家族）的家园"。在草场分包到户后，由于将汉语中的中性词"草场"直接翻译使用，牧区官方的文件和用词中更多地开始用"evsen tlabai"意为"长草的地方"，原来视为家园的"nutug"变成了毫无感情色彩的"长草的地方"，这本身就体现了文化情感上对草原的漠视。现在牧民有时也会使用这个词。如英国哲学家芬德利所言："不要寻求它（语言）的意思，要寻求它的用法。"这句话的言下之意并不是说用法比语言的指示和暗示功能涵盖更多，而是说它在某种程度上反映并且完全解释了后者。我们要想透彻理解表达的出处和暗示的含义，可以注意观察人们使用这些表达的方式，注意这些表达是如何与其他表达一起构成句子的。

过去政府总是抱怨牧民固守旧习，不接受新事物，近年来政府又总是批评牧民抵挡不住城市渗透进牧区的不良风气。而政府却鲜少体会牧民在不断地面对被动的文化变革时的无助与选择无力。事实上，对政府官员来说，他们更希望避开这些问题，以使在支撑他们行为的理论系统内发生革命的可能性缩减到最小。他们也承认牧民的困难和生态面临的困境，但他们更愿意用不同的理由来解释这些困境，比如牧民本身的懒惰、文化素质低、适应性弱——这的确也是原因之一，但在不同的立场下这些原因可能被不适宜地夸大了。在现行的干部考核标准下，政府官员的操控力也很有限，因而更希望在拖延中让问题自然消解，就像一列拥挤的火车，无论车内环境多糟糕，绝大部分乘客总能撑到目的地。

第三节　多种生产目标与复合文化的多重矛盾

到这里，我们已经可以澄清一个关于蒙古族畜牧业传统"过牧""滥牧"的悖论。在大量查询和搜集有关蒙古族传统游牧畜牧业的资料过程中，笔者一直在思考"滥牧"一词最早被社会使用是在什么时候。内蒙古草原退化问题引起重视，当始于 20 世纪 70 年代，到了 80 年代末 90 年代初已经引起了广泛的重视和对环境问题的警觉，"滥牧""重畜不种草""头数畜牧业"等概念正是在这个时候被提出来。当时的内蒙古政府领导批评："……只顾眼前的经济利益，而不重视长远的生态效益。尽管在一个时期内把生产搞上去了，但草原却遭到了很大破坏，生态严重失调……我们内蒙古地区也有深刻的教训。""1947 年至 1983 年，内蒙古地区累计饲养了牲畜 11 亿头（只），向国家提供了各类肉畜和役畜 7000 万头（只），毛绒 15 亿斤，皮张 1.2 亿张。50 年代至60 年代，为了将内蒙古建设成为中国畜产品基地跃进式发展畜牧业，疯狂搞头数经济，仅仅 10 年间，全区牲畜数量增加了两倍。""在大范围内出现草原退化和沙化，是长时期重畜不重草，忽视生态效益，特别是在草原的开发利用、管理建设方面吃'大锅饭'的结果。"❶ 这里指的"重畜不重草""滥牧""头数牧业"等概念分明是指 20 世纪 50 年代以后为实现在短期时间内跃进式

---

❶ 周惠. 谈谈固定草原使用权的意义 [J]. 红旗，1984（5）.

160

经济增长而导致的对草原的盲目利用。但从什么时候起，这些概念被偷换，被往前推了几个世纪甚至是十几个世纪，成为了现在被口诛笔伐的所谓的"传统观念"和"牧民粗放式畜牧业经营"的结果？试想，如果蒙古族传统游牧文化一直是以"掠夺式""滥牧"来经营和管理草原的，那么在"掠夺"了上千年后怎么可能还留得下世界最大面积的天然草原？一个在特定历史时期产生的生态恶果，在另一个特定时期被转嫁给了"传统"。

这一悖论的产生，表现出外界对游牧文化的误解。事实上，这种误解正是半个多世纪以来外来文化大量进入草原牧区时的姿态，同时这也是哈日干图草原上不同文化形态之间的基本矛盾。20 世纪 60 年代开始，哈日干图草原文化进入快速变迁时期，目前哈日干图草原的文化组成部分包括当地原住牧民、外来牧民及草原政策。这里指的文化组成，是指当前生活来源和未来生活期望通过当地草原生态资源获得，对于在可以预期的很长时间内依靠和利用当地生态资源的那部分人，草原政策是影响当地不同文化和生态环境的重要因素。文化组成中未包含占用草场的非牧民和外来打工人员，是因为这部分人的根本利益和文化根基并不在这里，虽然在目前造成了对草原的压力和破坏，但他们本身不是当地文化的一部分，如果政府举措得力，完全有能力消除这部分人带来的环境问题，这些才是应该"从草原环境中剔除出去的人"。

交通之所以阻塞，是因为路上的行人和车辆有其各自的速度和目标方向，如果没有个合理的规定去制约和管理，路就不通畅了。文化与人们所处生态环境的关系也一样，在人类各种传统文化当中，原住民的单一文化与环境的关系大抵被认为是友好的、和谐的、可持续的，几乎所有的环境问题都出在人口、族群成分复杂的地区，如城市；或传统文化经历剧烈变迁的地区。因为前者经历漫长的适应、融合，在相对封闭的环境中，单一文化下的人们都遵循共同的行为标准和价值取向，即前文所说的共同的趋社会情感。这就如同行驶在道路上的车辆，所有的车辆都遵守统一的交通规则，道路自然也就非常通畅了。而后者的成员组成和各自的需求复杂，很难形成统一规则来让所有人遵守，大量的车辆各走各的，路必然会遭阻滞。过去半个多世纪以来，哈日干图草原上不同文化间的关系就如同是一个通行不畅的交通体系，其复合文化的多重矛盾如图 5 - 2 所示。

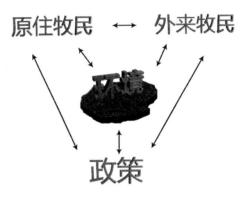

图 5 - 2　哈日干图草原文化组分间关系图

从图 5 - 2 中可看到，原住牧民、外来牧民和国家政策作为目前哈日干图草原的文化组成部分，虽然文化来源各自不同，但其利益均来自图中间的环境，所有的文化行为都作用于环境。原住牧民和外来牧民都是畜牧业从事者，他们的行动都受政策的制约，这是当地文化组成中的第一对矛盾。外来牧民和政策同时作为外来文化因素，与当地原有传统文化的矛盾，是当地文化组成中的第二对矛盾。原住牧民和外来牧民之间，因为原本持有的文化不同，所以由此产生的冲突和矛盾是第三对矛盾。上述三对矛盾是哈日干图草原生态环境中文化和环境关系第一层级的矛盾，即文化组成之间的矛盾。三种文化组成又共同作用于中间的草原环境，因为不同文化组成之间的多重矛盾和冲突，它们共同形成的一个文化复合体不能与当地草原生态相适应，这对生态环境的作用必然是负面的，文化复合体和生态环境之间的矛盾，是哈日干图草原文化和环境关系第二层级的矛盾。

首先看第一层级的矛盾。第一对矛盾：经济政策向工业倾斜，随着被占用的草场和因工业污染而导致的草场、河流污染问题，不断地压缩畜牧业所能占有的草原生态资源空间，现行草原政策导致的打工人员流入和非牧民占用草场，也在挤占牧民的资源空间。另外，因为政策施行导致的当地原住牧民传统文化的破碎和断裂，传统牧民社区原有的社区成员间，以及与社区精英间的相互信任基础松动甚至瓦解。政府官员的选举方式决定他们并非从社区精英中产生，牧民对其认可度降低，而政府官员是政策的具体执行者，文化的矛盾在现实层面上表现为牧民和政府之间的相互不信任，再延伸为牧民对政策的信心不足。第二对矛盾：整个哈日干图环境变迁过程中第二对矛盾几乎无处不在，详见前文。第三对矛盾：详见第三、四章。事实上，这层矛盾在一定程度上已有所缓和。在长期与原住牧民的文化融合过程中，外来牧民和原住牧民对彼此文化的吸收和接纳从未停止过，但草原生态资源的不足，仍使这对矛盾显得比较突出。

尽管哈日干图的草原生态环境恶化问题才是本文的立论原因，但环境恶化的表象下，文化才是其深层的根由。文化决定文化持有人的行为表现。如果有人砍树，生态人类学者应该关注的不是"谁砍了几棵树"，而是"他为什么要砍树"。人类干扰生态的胆量取决于人类眼中自然的样子和他思考自然的方式，而非取决于人类拥有的技术。因此图 5-2 中笔者将哈日干图草原现存文化组成之间的多重矛盾列为哈日干图草原环境与文化关系中第一层级的矛盾，而将文化复合体和草原生态环境之间的矛盾列为第二层级，前者直接导致了后一层级矛盾及其结果。

分析哈日干图草原的文化与环境关系的各个层级，最突出的矛盾仍然指向政策与环境的不适宜。即使是为保护环境而设定的各种规则、政策，仍然显得热心有余而收效不足。这和设计政策时的背景文化有不可分割的关联。基于西方文化孕育出的现代科学，自然保护运动总体上是被一系列未经协调的资源管理规划所控制着。森林、水、土壤、野生动物被各自成线却不成体系的概念联结在一起，这种单独意向产生的主要原因是因为自然保护政策通常都是在纯粹的经济基础上制定出来的，无论在什么地方，只要资源供不应求，便会冒出一个管理规划。但这种规划在多大程度上符合当地实际，制定和实施规划的主体应该是谁，很多时候并没有被正确认识。另一个问题是，管理者对"统一性"和"简单化"的追求偏好。管理者喜欢"统一""整齐划一"，因为这样的格局易于掌握和管理，便于控制。❶ 传统游牧方式中不易控制的因素太多，全面了解自然环境的、具体牧民的情况需要相当的精力、时间以及知识甚至是情感投入。政府官员的流动轮换如此频繁，现在在牧区旗县，非牧区出身的领导比例越来越高，因此调来牧区当领导的人很可能从来都没有见过草原，没有见过五畜群，更可能是个冬天没有在室外（车外）停留过 30 分钟以上的人。想要体会、了解牧民的畜牧业传统，了解传统畜牧业的每个步骤是如何实施的，为什么这样实施，实为一件难事。工业比重的日益增加，也使其背后缺乏"去了解"的动力。工业的热门化也许有这样的因素，就是：只有工业的技术和生产模式是全球统一性最高的，最不具多样性的，模式固定、生产机械固定、技术固定，只要有资源有原料，引进、安装、启动后便有可观的经济效益产生。现在，在内蒙古各地牧区，移民新村早已不是新鲜事物，涉及哈日干图牧民的生态移民和牧民定居项目也先后执行了几个。移民新村里所有的房子、牲畜棚圈、院落都是一模一样的。在这里人们指认某户人家再也不能说什么形状，什么颜色，什么大小，什么风格，只能指说，几号院，几号房。无论从生活起居到对牲畜的管理，再也不需要牧民自己的个性和经营理念。当牧民的一切生活生产都被安排规划好，包括草场分几块，哪块草场上停留几天，养什么牲畜，养多少，养哪个品种，哪种花色，喂什么饲料，住什么房子打什么井，牧民不再是畜牧业经济和文化的主体，而变成了只能被动接受安排、规划的劳动力。在国家需要大集体式生产时牧民被纳入公社成为国家畜产品基地的工人，拼命地增加牲畜头数；当占全国人口 5.4% 的农民执行适宜小农经济的联产承包责任制时，牧民又被分配到各自的小草场上；生态移民风起，牧民又从草原生态中被抽离出来，被放到对立面上。

也许不能确定地说蒙古族传统文化与草原生态的适应是最好的，但在一个气候充满不稳定性，非生物量很难预测的脆弱环境里，生态的稳定和生产都以较高的水平维持，对在那里生活了几个乃至几十个世纪的资源利用者来说，都

---

❶ ［美］詹姆斯·C. 斯科特. 国家的视角［M］. 王晓毅，译. 北京：社会科学文献出版社，2004：298 - 305.

图 5 – 3　定居工程为牧民统一盖好的带有编号的房子（摄影　乌尼尔）

是非常了不起的成就。出于对现代技术的推崇，对"世界领先水平"的追随，近几十年来，内蒙古组织了多次官方、民间赴澳洲、新西兰畜牧业参观、学习经验的活动，但回来后在年平均降水量 200～350 毫米以下的草原上推行年降水量 500～1200 毫米地区的先进经验，是不可能做到的。在此文写作期间，笔者听一位长期在内蒙古牧区工作调查的教授说，她曾问出国考察团的成员："为什么不去自然环境条件、降雨量都和内蒙古差不多的非洲干旱半干旱草原上看在那里推行的草场改革情况？"牧民和政府官员说："那里有什么看头？那儿的项目都失败了。"❶ 这位教授说："对啊，那里的都失败了，那你们为什么不去看看他们是为什么失败的呢？"牧民无语，官员无语。市场和政府的做法都趋向于将复杂的环境进行简单化处理，因为只有这样，运用其机制才能管理，但生态环境是复杂的，需要多样性适应，当下的草原管理缺乏的正是这样的适应性。

　　在人类学家看来，政治和经济，至少部分地应被看作文化现象。尤其在经济领域，传统文化对生态环境的适应往往被认为是落后技术限制下的无奈选

---

❶　关于联合国以及其他机构在非洲干旱半干旱草原推行的大型项目的情况在以下文章中可以了解到，也正是因为这些项目的失败才引起部分学者对平衡生态环境和非平衡生态环境的深思。

Elliot Fratkin and Eric Abella Roth，Drought and Economic Differentiation Among Ariaal Pastoralists of Kenya，Human Eoology，Vol. 18，No. 4，1990，pp. 385 – 401；Gufu oba，New Perspectives on Sustainable Grazing Management in Arid Zones of Sub – Saharan Africa，BioScience，2000，1；James E. Ellis，Stability of African pastoral ecosystems：Alternate paradigms and implications for development，Journal of Range Mnagement，1988，11.

择，这就是几乎在所有的地方，原住民从漫长的实践和经验当中沉淀下来的生态环境的适应方式，会被认为是"落后""原始""不科学"甚至是"陋习"❶的原因。人们普遍认为通过不同的方法来观察事物，会提高对它的认识。那么就有充分的理由来保护研究方法的多样性，失去任何一种方法，都可能会降低我们理解事物的能力。"……那些新社会的设计者不重视耕作者和牧民的知识和实践。他们也忘记了社会工程的基本：它依赖于真正的人类主体间的反应和合作。如果人们发现新的安排，不管安排如何有效率，只要与他们的尊严、计划、趣味相背离，他们就会将它们变成低效率的安排"，但是"关于可能性的技术想象激励着设计者们"，"在技术信念和想象的推动下，他们不会顾及他们的介入对农民社会和农民文化所产生的影响。"❷

在承受文化变迁和草原政策演变带来的生态环境压力的同时，政府开始进行从牧业大旗到工业大旗的发展规划转变，这更让畜牧业在当地被日益边缘化。内蒙古全区的情况大致相似，牧区畜牧业比重由 2003 年的 46.4%，下降到 2007 年的 20%。❸ 无论是在传统的家族网络里，还是在现代的合作性组织中，若使公共资源的管理遵循着可持续发展模式，免受灾难性后果，必须满足下列前提条件：①群体的生产目标类似；②群体成员间在财富和社会地位方面没有明显差；③群体成员资格对个人非同小可；④尤其是关于资源使用的管理规则为群体成员共遵守，或被权威机构有效地贯彻执行。❹ 其中第 4 项最为重要，而第 1 项则是公共资源管理可持续发展模式得以实行的基础。在草原资源消费者的组成成分发生重大变化后的今天，产生了多个拥有不同生产目标的消

❶ 尹绍亭. 一个充满争议的文化生态体系——云南刀耕火种研究［M］. 昆明：云南人民出版社，1991.

❷ William Beinert, Agricultural Planning and the Late Colonial Technical imagination: The Lower Shire Valley in Malawi, 1940—1960, in Malawi: An Alternative Pattern of Development, proceedings of a seminar held at the Centre of African Studies, University of Edinburgh, May 14and 25, 1984（Edinburgh: Centre of African Studies, University of Edinburgh, 1985）, 95-148.

❸ 呼格吉勒图. 内蒙古牧区存在的主要问题及原因分析——以锡林郭勒盟正镶白旗为例［A］. 2008 年，北京.

❹ National Research Council. Key Issues in Grassland Studies. Grasslands and Grassland Sciences in Northern China. National Academy Press Washington, D. C. 1992, 183-198.

费者群体。在政绩、财政税收、工矿企业利益、大小投资人的资金回报、非入籍移民的短期生存需求等形形色色的生产目标下，牧民（包括原住牧民和外来牧民）在保障生存需求下保护草原生态以满足未来生活及后代居住期望的生产目标显示出前所未有的遥不可及——只有这些人，是打算与这片草原共存下去的。

第四节　传统文化的选择——回归联合

在外来专家和政策决策者对内蒙古牧区"过牧"问题空前关注，并由此得出牧区必须"移人减畜"的对策时，也有以本土畜牧业专家、生物学家和人文学者基于更深入的调查和实际情况的总结，为上述理论和决策根据"证伪"。而牧民的感受和看法则更直观。呼伦贝尔新巴尔虎右旗的部分牧民在2009 年秋季偷偷地将草场保护项目所建的网围栏拆掉，决定将草场连起来，进行整体利用。尽管当时《中华人民共和国农民专业合作社法》已经颁布两年，政策鼓励农牧民的生产合作行为。但网围栏建设是牧区生态保护中最主要的方式，政府每年都在花大量的人力和物力投入到网围栏项目中去。如此大胆的"拆网"行动无疑让这几位牧民承受了很大的压力和风险。担任嘎查书记的 HQT 说："不整合草场实在是不行了，眼看着草场一年不如一年，再不联合利用的话我们马上就没地方放牛羊了。"他当时还特意嘱咐闻讯去采访的媒体记者，"千万不要马上播出，这件事情会带来什么样的后果，我们心里什么数都没有。我们相信草场整合利用是对的，但这事见效没那么快。"草场状况出现明显改变，至少需要一两年时间，牧民担忧如果很快遇到阻碍，就没机会证明自己的行为是对的了。2011 年 5 月这段让主人翁忐忑不安的采访和分别在2009 年 11 月和 2010 年 10 月进行的跟踪采访一同作为《转型时期的游牧畜牧业》系列节目的一部分在内蒙古电视台蒙古语卫视播出，他们当时的做法以及后来建立的牧民合作社也得到了当地政府的鼓励和认可。

社会当中的人根据他们自己的文化预设，根据在社会层面上既定的人与物的范畴，对各种情境作出反应。现代化经济的主导价值观是经济利益最大化。事实上，蒙古族游牧经济的目标一直就是经济利益最大化。蒙古族热爱与其共同生存、发展的草原生态环境，这并非是纯粹的生态意识问题。换句话说，不存在对生态环境不计回报、绝对"单恋"的所谓"和谐的生态观"。"和谐"，是因为找到了索取回报和维持可持续利用之间的平衡点。笔者不认同将蒙古族文化喻为"朴素"的生态观，事实上，蒙古族游牧文化恰恰是人与草原共存过程当中，游牧民作出的最"精明"的选择。

如前所述，"联合"，即牧民之间的合作行为，是传统游牧社会里最主要的生产组织方式。从蒙古民族统一产生到 20 世纪中期的近 800 年间，内蒙古草原游牧区几易朝代，但就游牧社会的劳动组织方式本身来说并没有发生太多的改变，游牧社会中或大或小的合作团体始终是其基本生产单位，"合作"始终是游牧民经营管理游牧畜牧业的劳动组织方式。20 世纪 50 年代，随着革命局势的明朗化，全国农村实行土地改革和民主改革，地主的土地被没收后分配给农民。1947 年，内蒙古解放区也开始进行农村土地改革和牧区民主改革，当时有人仿效"耕者有其田"，提出了"牧者有其畜"的口号，发动牧民划分阶级，斗争牧主，平分牲畜，结果在牧区发生了大量屠宰牲畜的现象，正常的牧业生产受到严重破坏。在平分牲畜风潮影响和"独立自主"的思想号召下，蒙古族游牧社会原有的牧民间的合作机制被破坏，牧民的生产积极性受挫的同时生产负担加重。不过错误的政策很快得到了纠正，内蒙古当时的领导人乌兰夫针对牧区发生的社会生产混乱现象提出"三不两利""不分不斗"，并根据党中央"组织起来发展生产"的精神、《关于农业生产互助合作的决议》的文件大力宣传和鼓励牧民之间的互助合作。1948 年 9 月，中共呼纳盟❶工委书记

❶　呼伦贝尔纳文慕仁盟，简称呼纳盟。1949 年 4 月 11 日成立，由呼伦贝尔盟和纳文慕仁盟合并成立，1953 年 4 月 1 日撤销，由原哲里木、兴安、呼纳盟合并成立内蒙古自治区东部区行政公署；1954 年 4 月 30 日，撤销东部区行政公署，原兴安盟和呼纳盟所辖地区合并，改称呼伦贝尔盟。1980 年 7 月 26 日恢复兴安盟，原辖域从呼伦贝尔盟分出。

吉雅泰在全盟那达慕大会上正式宣布党的"人畜两旺"方针和"三不两利"政策。1950年秋，新中国成立后的第一个牧民互助组在内蒙古呼伦贝尔的哈腾胡硕生产队成立，之后内蒙古各牧业旗县相继成立牧民互助组，游牧社会传统的劳动组织方式以新的形式和名称得以恢复。但在当时"左"的"跃进式"思想占主导的政治环境下，决策者急于在一夜之间建设起社会主义。内蒙古牧民互助组扩大为初级合作社，并很快升级为高级合作社，而后各地建立起"一大二公"的人民公社。在高级社阶段已经开始出现强制入公，而到人民公社阶段，入不入公、留不留自留畜，则成了典型的阶级问题。完全集体化后的牧民"合作"失去了初始时的社会功能和意义，此时牧民合作机制中最为重要的基础——自愿性已经被打破了。这一时期的合作社是中国民主改革时期为发展集体化经济所做的一种尝试。尽管在形式上与传统游牧社会的牧民合作类似，客观上也扭转了当时畜牧经济严重受损的局面，但在本质上是对牲畜产权的改变，目标是社会资产的逐步集体化，50年代后期合作社的发展也说明了这一点。

图5-4　内蒙古第一个牧民合作社的成立仪式（摄影　恩和）

20世纪80年代末期，内蒙古开始实行第一轮草畜承包，在第一轮牲畜分包到户完成后，于1996年开始实行以草牧场的所有权、使用权和承包责任制为主要内容的第二轮草畜承包，即"双权一制"。草场在集体所有权的基础上分包给牧户，牧区开始了全面单干的时代。承包到草场使用权和经营权的牧民首先遇到的就是基础建设投入的困难。为了更好地保护和利用承包的草场，牧民开始建围栏、打机井。又因为按户承包的草场已无法满足游牧的条件，于是牧民在草场上建定住房、永久棚圈、购置牧业机械设备。除一次性投入的高额资金压力之外，牧民遇到的更大难题是劳动力的严重不足。为了弥补劳动力的空缺，牧民在接羔、打草、挤奶、剪绒等工作上大量雇用外来劳动力，这大大增加了牧民的生产成本。在呼伦贝尔盟进行的调查显示，一个中等以上生活水平的牧户一年当中雇人的费用最高占全年收入的37%。对于牧民来说，比资金和劳动力的压力更大的则是管理的压力。在单户作业的现实下，牧民必须身怀数种甚至十数种技能。从不同畜种的管理、草场管护、牲畜常见病的救治到牧业机械的操作、修理、畜产品销售的价格谈判、市场预测以及子女的照顾、教育、对老人的赡养等，全部由一户牧民独立完成。在计划生育政策的鼓励和经济压力下牧民家庭也已大多只有一个孩子，也就是说，孩子出外读书的家庭，上述所有工作基本由中年夫妇两人来完成。面对越来越凸显的农村牧区问题，第十届全国人民代表大会常务委员会第二十四次会议于2006年10月31日通过了《中华人民共和国农民专业合作社法》，农牧民的"合作"法宝又一次被请了回来。我们可以发现新中国成立以来国家两次号召鼓励牧民的"合作"，都是作为对之前政策失误的纠正而提出来的。如果说20世纪50年代的合作，是集体化的过渡，那么当下的牧民合作社则与传统游牧社会的牧民合作机制有更高的相似性。将当时存在的贵族政治特权，即"超经济部分"抽离出来之后，拥有草场使用权和牲畜资产所有权的牧民间的合作基本上就是今天的合作社模式。求解现实与未来，历史仍然是我们的智慧之源。

笔者2011年在内蒙古锡林郭勒盟做调查时，一位当地政府领导这样总结牧民们目前面临的压力：一是管理压力；二是资金压力；三是技术压力；四是文化环境压力。这份总结可谓一针见血。牧民之间的联合不仅仅是劳动力的联合，同时也是智力的联合。单户经营对牧民的各项能力和经济实力都提出了相当高的要求，让牧民非三头六臂而不能完成。牧民合作行为的功能是综合的，通过合作，管理能力和技术水平可以互为补充，资金压力则可通过资金联合而减轻，节省出的劳动力支出得以释放，合作形成的小团体或小社区又可以为覆盖范围内的牧民提供一个相对完整的文化环境，无论是对培养相互间的认同感和信任感，还是对下一代的教育都将有不可估量的良性作用。

如同在包产到户的时候很多村庄集体选择不分家，其中一部分还在后来以集体经济成效成为全国翘楚一样，牧区的自然条件和文化底色虽然限制了出现大规模高效益的商品产业的可能，但仍然有些牧民集体在法律框架内保持了自己认同的生产管理方式。本文主要田野点外的 B 嘎查总人口为 257 人，可利用草牧场总面积为 758620 亩，牲畜总头数 37668 头（只），人均纯收入 7335 元，贫困户 15 户。1996 年全旗实行"双权一制"，草牧场分包到户时，除落实牧户承包草场的同时，在嘎查全体牧民会议上投票决定，留出 9 万余亩未承包，由嘎查集体统一管理。对已承包到户的草场，不建围栏，尽量保持集体游牧地的使用方式。该嘎查的定居点沿海拉尔河而建，每年初春在定居点接完羊羔后迁往铁路沿线的春季营地，15～20 天后，再迁往嘎查东南部的丘陵地带，靠近水源度过 5 月下旬到 6 月上旬这一段时间，夏季草原长势最好的时候则在嘎查南部的开阔草原地带驻扎夏季营地。上述迁徙过程中嘎查委员会做宏观调控，基于草场状况和当年雨水情况调节同一区域内的户数和迁徙方向、停留天数等，每户年平均迁徙距离约为 35～50 千米。

嘎查境内 5000 多亩的丘陵地带，1980 年到 2000 年期间是作为打草场使用的，近年来受气候和人为因素影响，这一区域内的草场质量下降，同时，机械化程度提高后该区域地貌也已不适合作为打草场，因此 2000 年后这一区域改作放牧场使用。上述由嘎查进行统筹安排的集体化管理方式，对防止草场退化、沙化，减缓沙化速度起到了一定的作用。目前，B 嘎查境内的 3000 亩退化、沙化的草场已经围栏保护。

20 世纪 80 年代之后，内蒙古牧区大力鼓励定居畜牧业发展，B 嘎查部分牧户沿河岸盖房定居。草牧场双承包后嘎查领导人考虑集中定居点的优点，通过与牧民商议和做思想工作没有让牧民们和其他大部分苏木嘎查那样在所划分的草场上建定居房，而是在原来形成的定居点上集中建设，定居点同时也作为冬营地，夏季走敖特尔的路线和时间则如上文所述由嘎查统一安排。这样做的好处是该嘎查成为了全旗三个所有牧户通电、通路，四季均可出售鲜牛奶的嘎查之一。B 嘎查集体收入约为 10 万~15 万/年，对 720 头（只）集体牲畜的严格管理以及预留机动草场的合理分配，使集体有了稳定的收入。即使出现灾情也能够做到迅速反应、及时调配，为贫困牧户和受灾户提供资金和饲草料援助。因牧户冬营地（既定居点）集中，所以遇到雪灾等紧急情况时更方便破雪开路、输送抗灾物资，同时为牧户间劳动互补、相互帮助提供了便利的条件。与包括哈日干图各嘎查的陈巴尔虎旗其他苏木镇大量牧户长期低价流转草场（或抵债）的情况相比，B 嘎查没有一户长期流转草牧场的牧户，对于确实没有能力经营管理草牧场的牧户，由嘎查负责其名下的承包草场流转，收入按月或按季度发放给牧户以供生活支出。

罗康隆等人认为任何一种民族文化都是一个有序的体系，该体系在受到外来作用时，其影响力必将经历一个耗散重组的过程，经过这一过程后由于文化制衡机制的作用，最终可作出定型反馈。● 文化选择则是指变革时期一种文化对自身发展方向和发展模式的选取和采纳。任何一种文化，都是一个价值意义和形式结构的社会系统，价值意义内在于文化中，是整个文化的核心，发展观的最高层次是发展的核心价值观。任何一种文化模式，除了具有自身的生产方式、政治制度等硬件结构外，都必然具备着内化为民族心理的文化价值认同系统。价值观规定着人的实践活动的准则、方式和方向，价值也体现着对人的主体性的确认，不同的价值取向体现着不同的文化模式，对文化价值之本质的理解决定了文化的选择和建构。❷

B 嘎查的做法，弥补了当地传统游牧畜牧业中长期存在的牧民获取交通、通信、教育、医疗资源困难的不足。事实上，建立定居点的优势恰恰是外来文

● 罗康隆. 文化适应与文化制衡——基于人类文化生态的思考［M］. 北京：民族出版社，2008.
❷ 郑飞. 文化选择中的价值取向研究［J］. 消费导刊，2009（1）.

化和当时大力提倡牧民定居的草原政策所带来的，但在草原"双权一制"政策实施后，牧民虽然定居了，但因为草场的划分，牧民只能选择在自家承包的草场上盖房，集体化时期各苏木嘎查建立定居点所产生的优势被消解。B嘎查保留并进一步完善了其集中定居的优势，不仅得到了很好的社会效果，在经济效果上也明显优于其他嘎查。B嘎查的经验成功地吸收了外来文化和技术的优点，弥补了传统文化在生态适应方式中对人自身关怀度的不足，同时在政策空间内尽量发挥当地传统游牧文化的核心——移动式放牧和联合式生产。在这一案例当中可以看到传统文化的制衡机制所起的作用，传统文化在现代社会的剧烈变迁中仍然有其适应能力和生存发展空间，仍可以依据自身文化的核心来选择和构建文化模式的新形态。嘎查集体是社会群体管理中最低层次的建制，B嘎查的这种能动灵活的政策适应模式在这一级中出现，也表现出传统文化在社会变迁中的自我再生能力，而其再生的土壤则仍在传统文化的持有者群体中。

"定居比游居先进"，这种观点毫无根据，但却深入人心，更多的人可能是出于对"不稳定"的恐惧。如果一个牧民住在一个拥有足够大功率的发电机、各种电器、网络接收和移动通讯等设备的舒适、保暖的房屋（或者可以是房车）里，可以很方便地接收外界信息，与最近的城镇的距离在不超过2小时车程（这很可能比北京市内的交通更便利），那么是否就能因为他不住楼房，不过城市生活而判定他的生活是不现代化的？

近年来，因为更为密切的信息网络和更加便利的交通，以及更易迁移等条件，草原离城市的距离近了很多，如今的草原已没有腹地。早期人们想象中闭塞而遥远的草原早已近在咫尺。

"文化适应"（Accult uration）这个概念最早由美国民族学肖罗伯特·雷德菲尔德、拉尔夫·林顿和梅尔维尔·赫斯科维茨等人于20世纪30年代中期提出，他们在《文化适应研究备忘录》中对文化适应作出了比较明确的解释："文化适应是指一些具有不同文化的个体集团发生长期而直接的联系，因而一个或两个集团改变了原来的文化模式所产生的现象"。阿诺德·罗斯把文化适应看作同化的同义词，并把二者完全等同。米尔顿·M.戈登则认为，文化适

图 5 – 5　近年来很受牧民欢迎且在不断改进中的房车

应是同化的一个阶段，但未必导致同化。加拿大女王大学的约翰·贝利教授认为文化适应有两个层面：文化保存与伙伴吸引。❶ 在这样的过程中，一种文化会失去原来的一些特质，获得一些新的特质。文化适应是一种文化对另一种文化的学习和扬弃的过程，也是产生新文化和建立文化模式的过程。文化适应不仅仅是文化本身的问题，还牵涉到政治、经济等因素。

　　"每一种文化都有自己的一种不同于其他文化的特殊目的，为了实现这个目的，人们从周围地区可能的特质中选择出可能利用的东西，放弃不可用的东西，人们还把其他特质加以重新铸造，使它们符合自己的需要。"❷ 对于某一种传统文化与外来文化的碰撞过程，较前的研究更多关注的往往是对当地原有传统文化的损耗，但传统文化对外来文化的主动吸收和接纳行为往往被忽略，同时被忽略的还有传统文化对外来文化的反作用。很多时候提到现代化，就会有"保护传统"的话题以近乎对立的姿态被提出，提到环境的重要性，则随之而来的是对发展经济的强调以及地方政府的两难选择。这些有意无意被夹带

---

❶　黄洪琳，刘锁群. 文化适应——研究流动人口生育行为的新视角［J］. 社会科学，2004（5）.

❷　［美］露丝·本尼迪克特. 文化模式［M］. 王炜，译. 北京：华夏出版社，1987：36 – 37.

进来用以模糊话题重点的话语技巧被频繁地使用。所谓传统文化,既不是与世隔绝的铜墙铁壁,也不是凡是液体就能吸收的海绵,文化从来都是在不停地变迁的,解读文化的历史纵深度,将"传统文化"与"现代文化"抑或是文化的"传统态"与"现代态"截然分开是错误的。蒙古族牧民几十年前就将牛车和马车换成了拖拉机,却至今不会将奶食品和咸菜混在一起吃,奶酪里也不会加盐(中亚及其以西地区游牧民的奶酪是加盐的),因为蒙古族的"白食"即奶食文化认为盐和奶食品是不可以混在一起食用的,否则会伤害奶牛。可见在经济和技术提供了选择的可能性后,是否选择则取决于文化的接受度。

第五节　出路在哪里

1980 年,一位乐天派称:"每年沙漠吞没相当于马萨诸塞州大小的地区。所推动的大量土地是农田……然而,幸运的是总有土地被替代或被耕种,以弥补损失的土地。"可是,并不是总有备用的土地供我们挥霍。农牧交错线一退再退并已退至最不可能的地带,已经说明了我们所处的处境。哈丁的公地悲剧理论最初的目的是以用来解决人口增长与限制问题。笔者在这里想讨论的不是如何控制人口的问题,而是面对既定的事实,即已经有了这么多人口,我们该如何调节自身的思维和行动方式,以取得土地和资源的包容,而不至于毁灭了自身。有限资源的利用问题,才是最迫切的。

哈日干图草原的生态困境和社会问题亟待解决,然而解铃还须系铃人,走出目前困境的方法仍系于哈日干图草原上各类文化的主体身上。作为当地生态环境资源的消费者,对于原住牧民和外来牧民来说哈日干图草原生态环境是共同的,且是唯一的。外来牧民已经是当地人与生态共同体中的一部分,他们对当前和未来利益的预期与原住人口是相同的,都来自当地生态环境。在这一点上,分别作为当地传统文化和外来文化的主体,哈日干图原住人口和外来牧民有必要形成统一的认识,同时对于各自所代表的文化在与哈日干图草原生态环境相处时的优、劣势，必须有清晰、客观的理解。对于外来牧民来说，哈日干图草原也已经是"家"，因此应该抛开外来者的姿态，融入当地，深刻理解并客观评价当地传统文化与环境生态的关系。而作为传统文化的主体，原住牧民要坚定对自身文化的信心，积极吸取多种外来文化中可借鉴的思想、技术，为自己所用。生活在当地的人，无论属于何种文化，都不可妄自菲薄，放弃主人翁意识，不可把生态环境管理的责任一味甩给政府和政策。环境首先是当地人的环境，失去了这唯一的资源，所有人的结局都是无家可归。

因为文化变迁和政策演变导致的传统文化的断裂，以及不同文化间的冲突和矛盾，从根本上影响了哈日干图草原上所有现有居民对生态环境的态度，而畜牧业从事者对草原政策的信心不足，影响了其行为方式。"制度"是集体问题的解决手段。制度使个体层面的理性与集体层面的理性相协调，使社会成员为达到有益的社会目标而共工作。群体策略中的人们必须意识到，社会结果是他们互相选择的产物，他们的选择会影响到其他人的选择。作为目前草原生态环境的主要管理手段，政策的制定和落实要立足于当地生态条件的实际。如前文分析，现行草原政策的主体理论来源于西方的舶来文化，因此同一政策在不同地区实施，也存在一个文化融合的问题，不可生搬硬套。政策无论是对传统文化还是生态环境都具有强烈的影响，其落实并不是一个简单的、自上而下的单向过程，而应是决策者和政策受众之间智慧和文化的互动过程，决策者需要在全局观的基础上针对重要的地区因素，如生态、人文等条件，设计更加灵活的政策；政策的受众则要基于自身的特点，在适宜的尺度内进行积极的适应，这样才能最大限度地发挥政策的有效性，消除可能产生的负面作用。

上节中，B嘎查的政策适应思路和具体做法对于应对"双权一制"推行过程中出现的种种问题将会是一个有益的尝试。但在看到B嘎查在政策适应和文化融合方面的成功的同时，也有必要去认识促成其成功的文化因素。在内蒙古牧区范围推行的划分草场的政策下，该嘎查能够经全体社员一致通过留出机动草场，对划分到户的草场进行整体利用，与其他苏木嘎查各户为点的做法不同。这些措施后来都证明了对草原生态环境资源利用和保障牧民对社会公共资源利用方面是有积极效果的。而这些措施从出现到能落实，有其独特的文化根源。一方面，B 嘎查近几十年内的成员组成变化较小，迁入迁出户都比较少，社区文化向心力较强。另一方面，嘎查领导人的个人威信和影响力在上述措施的制定的落实中起到了关键作用。在任何一个文化系统中，精英人物的作用都是不可忽视的。尤其是在社区里，精英的权威作用和经验积累应该受到充分的重视。相比具体的做法，在这一案例中更值得去重视的是，传统文化在变迁过程中的文化选择能力和政策空间下的能动性。政策对一个地区的文化和生态产生的影响毋庸置疑，但文化的背后有社会结构、社会网络、社会规则作为文化具体的表现形式，来决定文化的相貌。市场规则或是政府政策都只是这些表现形式中的组成部分，而不能完全替代完整的文化职能。在充分认识政策影响的同时，不可忽略地区文化在政策空间内的能动性和自我调适能力，说到底，不是政策在影响文化，而是文化在影响文化——一种文化始终是在靠其文化的核心来决定自身命运的。

长时期以来的变迁过程，对哈日干图草原传统文化的根本改变，使其游牧文化的两个行为核心——"移动"和"联合"——基本丧失。当地传统文化对草原生态环境的核心适应方式表现为通过移动放牧来实现对生态资源的整合，以及通过牧户间联合的方式实现对劳动力资源的整合。但在一系列的变迁过程中，传统文化的这两种行为核心已经从当地畜牧业活动中消失了，这也是令很多学者和文学家扼腕叹息的原因。B 嘎查之所以能够较成功地避免生态恶化，正是源自当地传统文化的核心在政策空间和变迁过程中的行为自觉和主动调适，而不是坐等影响。事实上，"合作"不仅仅是蒙古游牧民的基本生产组织管理方式，合作也是社会现象的根本。这一点从内蒙古牧区两次调整政策鼓励牧民合作，也是同时期全国范围内推行的政策可以看出。研究一个社会的文化必须清楚文化所属群体成员间的合作秩序，尤其是其空间状态，因为空间秩序是一切文化现象在叙事传统内获得令人信服的解释的基础。

蒙古文化是一直在变迁、发展的。不同的是过去变迁的主导者是文化拥有者本身，而进入当代，变迁主要由外部力量来主导和推进。"帮助"和"指

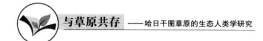

导"这样的词在草原地区发展中频繁出现。多种理论的论断含蓄地表明，无效率和非最优化在某种程度上是国家介入事物自然秩序的产物。❶但无论如何，在现行的行政升职考核机制下，为官一任，就一定要干出些看得到的变化。领导需要的是有事可做，有操作性。因此，牧民就必须重新当回文化发展的主导，要证明文化选择的有效性。由下而上的文化选择反馈已经非常迫切和必要，没有具体操作指向的批评只能增加政府和牧民之间的不信任和对抗情绪，这会在提高沟通成本的同时削弱双方形成共识的基础。更新政府和牧民之间的交流机制，达成有效的沟通，或许将会是个事半功倍的选择。

---

❶ ［美］杰克·奈特. 制度与社会冲突［M］. 周伟林，译. 上海：上海人民出版社，2009：13.

结　语

....

　　文化理论是驱散说教迷雾的工具，而文化分析则是拓展争议空间
的实际行动。

——Douglas，1992

　　在每个时期的人类学论述中都有这样一种特点，即民族志学者在重大变迁
开始之前就已经到达现场，而且事件从来不重复。但是这种比喻本身预先假定
过去是同质性很高的时期，并且把当前看成是过去的最终重复。而另一种关于
文化变迁的理论界定是，经济生产方式的转变问题直接关联于"进步""发
展""现代化"等概念，并被赋予定向性特征。这导致"民族—传统—落后"
的意义链，欲打破它这个顺序就又倒过来成了打破落后、扬弃传统，变得不是
民族的了。但事实是，文化的变迁是个永续的过程，任何一种文化都不是静止
的。游牧是蒙古族的传统生产方式，但在清朝的时候已经出现蒙古族农民，并
且至今已经形成了具有自身特色的农区蒙古族文化，内蒙古中部和南部牧业旗
很早就采取了定牧的方式，而在所有地区的蒙古人当中都有专门从事科研、渔
业、手工业、商业等多种工作方式的人群。文化的形成与变迁是文化主体长期
选择的叠加，是该文化自行雕琢的过程。外力的强势冲击会扰乱文化变迁的自
然进程，引起各种不良的应激反应。作为最强有力的影响因素，政策应该基于

当地生态环境的实际，保护本土文化的生存根基少受侵扰。政策、传统文化、外来文化必须融合形成一种能够与自然共生，与当地生态环境相适应的新的文化体系，才能够实现共存共进。

开始这本书稿的写作时，笔者一直很困惑如何把握和界定"现代"与"传统"两个概念。尽管书中仍延用了"传统畜牧业"这样的说法，但事实上现在牧民的生活设施、习惯等已经和多数人想象中"传统"状态之间区别相差巨大。对于"变迁"引出的"现代"与"传统"的辨析，本书回归如下理解。"现代的"，只是一个时间轴上的方向性，并非一定指向更优社会。事实上，在人类史上从来没有找到过稳定进步的迹象。人类过于依赖和迷信技术的发展，导致我们的行为越来越不适应自然环境，自然资源也越来越不堪负载人类的挥霍。达尔文本人一直坚持进化没有方向，进化并不必然导致更"好"事物的出现。生物群体只不过更加适应它们所生活的环境，这就是进化。从这个意义上来说，人类现在已经"不会进化"了。

无论我们如何提高攫取资源的技术水平，生态条件的限制始终是人类无法逾越的沟壑。人类欲望的上限，并非取决于自觉，而是取决于生态资源的承载力。内蒙古是我国最长的一条北方生态防御带。即便所有的草原资源消费者在草原资源消耗殆尽时都有机会逃离，身后118万平方千米的沙漠也将会以比我们的逃亡更快的速度南下。面对高污染、高资源消耗，尤其是高水资源消耗的产业在内蒙古自治区的引进及发展，应予高度审慎的态度。游牧文化的生态属性远比其民族属性更重要，游牧文化适应生态保障生存的文化内核应成为地区文化的核心。哈日干图草原原住蒙古族牧民不是为创造游牧文化而选择游牧的，而是游牧这种行为方式造就了相应的游牧文化，游牧是一种对草原生态的适应方式，它并非只属于蒙古人或蒙古族牧民。换句话说，它属于在这个生态环境中生存的所有人群。

没有万能的政策，在生态环境差异巨大的地区，政策的制定也需要多样性。无论是对于哈日干图草原文化还是草原生态环境而言，政策都是一种强有力的影响因素，尤其是在过去的半个世纪内，政策的演变直接影响了草原文化形成、人口以及当地资源的消费者的生产方式。而生产方式的转变不仅意味着资源利用方式的变化，也是人群与其生存环境之间适应性文化的改变。因此，在讨论哈日干图草原的文化变迁和生态变迁时，不能忽视政策的作用与影响。任何时候都没有一个"万能的""最好的"政策可以解决所有问题，这源于认知社会——生态系统不同部门间、多层空间尺度和随时间变化出现的差异。中国的国情决定了短时期内还不可能针对每个地区制定不同的政策，因此将同一政策在生态环境跨度很大的不同地区推行时，政策的宏观调控和统筹安排功能显得尤为重要。政策不仅要适应实施地区的生态环境，也要适应实施地的文化环境，针对地区特点进行最大可能的调控和适应。对于使人与生态环境能够和谐相处的必要条件来讲，生物多样性和文化多样性同样重要，而政策与不同地区文化的有效融合，在一定程度上表现的就是文化的多样性。

生态人类学研究，在探讨文化与环境关系的时候，一方面要注意文化的适应性，同时也要注意文化对环境的不适应性。文化变迁过程当中会出现文化违反生态规律的行为，导致生态环境破坏的结果。这种不适应不仅会出现在外来文化与生态环境之间，也可能会出现在当地传统文化主体的文化行为中。对于这种情况，分析文化主体的心理对其文化行为和对生态环境的理解方式的影响是必要的。

传统游牧文化适应的功能和内在理性，对于解决当前生态危机具有重要的指向性。对于特定背景下的特定资源，在不同的管理体制、使用方式和结果中，可能的内在发展是值得我们寻求的。换句话说，在特定资源环境下，设计很好的规则很可能是内在进化而来的。所谓传统文化是个相对时空概念，传统文化的"传统态"与"现代态"并不是固定的，文化总是在适应环境，在适应的过程中再创造，文化只有在与环境的互动中不停地再创造，才带来新的适应。人们在面临更多的社会两难困境时，有能力思考、阐述和选择解决问题的方法，而不需要更多来自外部的强制和监督。人类有解决自身问题的能力，而这种解决问题的能力其源头恰恰应该是人群所拥有的传统文化。B 嘎查的案例说明了，传统文化的主体作为政策的受众，不能盲目放弃自身传统中合理有益的部分，而应该能动地发挥传统文化的优势，灵活适应。让牧民拥有更多的资源管理空间，则可以降低政策附带出的资源及文化损耗，补充政策的多维性。

外来技术应该服务于当地传统文化，以技术优势弥补原有的不足，以更好地适应生态环境，为当地人带来更好的福祉，而不是代替传统文化。蒙古族传统游牧文化对生态环境的高度适应和亲和性，有时是用人的生命换来的，传统的游牧生活对人自身的关怀度相对较低。现代技术对交通、通信、医疗以及各种生活设备中的应用可以很好地弥补蒙古族传统畜牧业生产的不足。现在内蒙古牧区的牧民中手机、摩托车、汽车的拥有量相当高，风力发电机和太阳能发电机的使用也已很普遍，这些外来的技术可大大提高牧民的生活质量和对知识、信息的获取能力。但在迄今为止的变迁过程中，外来技术在更大程度上不是强化了当地传统文化对生态环境的适应能力，而是削弱甚至完全消解了前者。现代交通网络和交通工具，以及便利的移动通信、广播电视和网络等信息获取渠道，本来恰恰是传统游牧文化中最需要却也最为缺乏的技术，但这些技术并没有被用来强化传统文化内核对生态环境的适应性，提高其生态适应效率，而是转向了完全不同于传统畜牧业的另一个方向。❶ 王建革总结内蒙古畜牧业变迁的 60 年，认为"内蒙古畜牧业变化的总趋势是向汉族的农业畜牧业方向发展，并没有出现畜牧业的现代化趋向"❷。

遏制草原退化、沙化，必须在尚存的草原地区重启传统游牧文化的内核，发展现代化游牧。牧民对于改变游牧生产条件和推进游牧现代化的努力一直没有停止过。从第一代十二马力手扶拖拉机到现在已经相当普遍的六五四式拖拉机；从马拉割草机到现在新一代的胶轮双刀割草机；从人力装卸干草到牧民自行改装的叉车装卸；散装草到打方捆、圆捆；从胶轮马车拉草，到牧民自己用汽车底盘改装的拖车，牧业技术每有更新，牧民总是对相关信息最为敏感，也

❶ 日本学者内藤元男对畜牧业有着独特的看法。他认为，养畜业和畜牧业来历不同，游牧是牧业的一种，可溯源到 3000 年以前。而现代养畜业只不过是 19 世纪后半叶的产物，是顺应了当时欧洲市场对畜产品的需求，从有畜农业中的家畜饲养分野出来，成长为新的产业，它属于农业的范畴。参见：〔日〕内藤元男. 畜产大事典. 1978：16.
❷ 王建革. 农业渗透与近代蒙古草原游牧业的变化〔J〕. 中国经济史研究, 2002（2）.

182

总在努力购置使用。

图 1　牧民拉草用的是以汽车底盘改造而成的拖车（摄影　乌尼尔）

　　游牧区最大的困难是通信问题，尤其是严冬时节，无法通信往往会造成严重的财产损失甚至生命危险，由此导致的悲剧在 20 世纪的牧区屡见不鲜。新中国成立后的 60 多年里牧区嘎查一级的电话都未能普及，而在手机信号刚刚覆盖牧区的时候，牧民们便纷纷购买接收信号最强的手机放在蒙古包里的高处，近处的牧民在更早的时候就选择购买子母机，将主机放在有电话线的定居点，将子机带在身边。牧民的坐骑从马换成摩托车、城里报废的低档越野车到现在已经成为比较普遍的经济型轿车；"敖特尔"住所从蒙古包到房车；照明方式从蜡烛换成风力发电机、太阳能发电机带来的电灯、节能灯；蒙古包里的陈设从"不插电"时代到现在的家用电器一应俱全，再到手机、电脑无线上网，牧民一直在努力改善游牧生活的质量，利用现代技术来弥补传统游牧条件的不足。所有这一切变化，都是牧民主动寻求、发明和发现的，这些现代技术由于牧民的选择而被广泛普及。在技术和机械的更新换代过程中，牧民付出了巨大的投资代价和面对市场欺诈与盘剥的风险。牧民在用自己的努力去发展适合自己的现代化游牧，这是牧民所追求的"发展"。政府所劝导的"发展"，则是一种"固定的"发展，"我把现代化放在这里，你来，我就为你提供"。

游牧需要现代化，而不是替代化。发展，是要让合理中心的外围更加完善，去掉关键内核而去修饰外壳不是发展。

目前生态学上普遍认为的中国农牧分界线是400毫米等降雨量线，但长城作为农耕文明与游牧文明的分界线，从秦朝到汉朝时长城已经越过了黄河，修到了贺兰山下。经过二百多年的开垦，草原实际上已经从大兴安岭东麓退缩到西麓，从阴山的南麓退到北麓。明清时代草原从东向西退了100千米，从南向

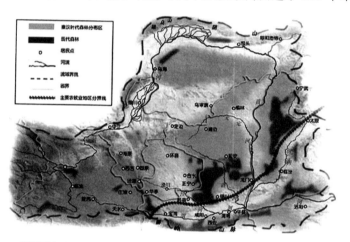

秦汉魏晋北朝时代农牧分界线及森林分布图　引自·史念海《黄土高原历史地理研究》

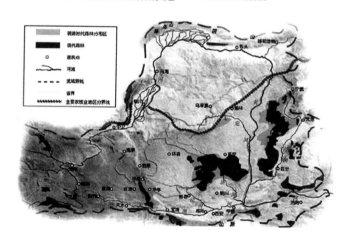

明清时代农牧分界线及森林分布图　引自·史念海《黄土高原历史地理研究》

图2　秦汉与明清时代的农牧分界线

北退了 200 千米（图 2）。❶ 因为农牧分界线的向西向北大幅推进，导致现在的农耕地带已经包括了很大一部分不宜农地区。就现在的牧区草原生态而言，游牧畜牧业已经是唯一可行、可持续的生产方式和资源利用方式。

图 3　近年内蒙古自治区境内 300 毫米及 400 毫米等降雨量线分界（绘图：盛艳）

　　人类生存的目的从来不是为保护文化，而是通过保护文化的传承来保护人类自身的生存。对于哈日干图草原资源的消费者来说，保存当地传统游牧文化中"移动"和"联合"这两大文化内核，并通过与外来文化和技术的融合发展现代化的游牧是目前可选择的最适应当地生态环境的文化行为方式。为了让所有人与草原共存，因为除此之外别无出路。

---

　　❶ 贾幼陵. 关于草原保护的几个有争议的问题. http：//www. grassland. gov. cn/ 中国草原网. 农业部草原监理中心主办，2009－4－21.

参考文献

外文文献：

［1］ KARL G. HEIDER. Environment, Subsistence, and Society ［J］. Annual Review of Anthropology, 1980（9）：235－246.

［2］ RAPPAPORT, T. A. Pigs for the Ancestors ［M］. New Haven：Yale Unniversity Press, 1967.

［3］ Orlove. Benjam in S. Ecological Anthropology ［J］. Annual Review of Anthropology, 1980（9）：251.

［4］ HOWELL, S. Nature in Culture and Culture in Nature, Chewong Ideas of Humans and Other Species ［G］ //G. PALASSON, P. DESCOLA. Nature and Society：Anthropological Perspectives. London：Routledge, 1996.

［5］ INGOLD－T. Hunting and Gathering as Ways of Perceiving the Environment ［G］ //R. F ELLEN, K. FUKUI. Redefining Nature：Ecology, Culture and Domestication ［M］. Oxford：Berg, 1996.

［6］ EDWARD TYLOR. Primitive Culture ［M］. London：John Murray, 1871.

［7］ BROMLEY DANIEL W. , CERNEA MICHAEL. The Management of Common Property Natural Resources：Some Conceptual and Operational Fallacies ［M］. World Bank Discussinon Paper, 1989.

［8］ APPELL G. N. Hardin's Myth of the Commons：The Tragedy of Conceptual Confusions ［M］. Social Transformation and Adaptation Research Institute, 1993.

［9］ HARDIN, GARRETT. Biology: Its Principles and Implications ［M］. 2nd ed. San Francis-
co W. H. Freeman & Co, 1966.

［10］ HARDIN, GARRETT. The Tragedy of the Commons ［J］. Science, 1968 (12).

［11］ ELLIOT FRATKIN, ERIC ABELLA ROTH. Drought and Economic Differentiation Among
Ariaal Pastoralists of Kenya ［J］. Human Eoology, 1990, 18 (4): 385 – 401.

［12］ JAMES. ELLIS, DAVID M. SWIFT. Stability of African pastoral ecosystems: Alternate
para – digms and implications for development ［C］. Jouranal of Range Management, 1996,
41 (6).

［13］ GUFU OBA, NILSCHR STENSETH, WALTER J. LUSIGI. New Perspectives on Sustain-
able Grazing Management in Arid ［J］. Bio Science, 2000, 50 (1).

［14］ F. E. CLEMENTS. Environment and Life in the Great Plains ［M］. Washington, 1937.

［15］ EMILIO F. MORAN. Human Adaptability ［M］. An Introduction to Ecological Anthropolo-
gy, Westview Press, 2000.

［16］ OLE BRUUN. The Herding Household: Economy and Organization ［G］ //OLE BRUUN,
OLE ODGAARD. Mongolia inTransition. Curzon Press Ltd, 1996.

［17］ RADNITZKY, G. Cost – Benefit Thinking in the Methodology of Research ［J］. The
"Economic Approach" Applied to Key Problems of the Philosophy of Science . In Economic
Imperialism. The Economy Approach Applied Outside the Field of Economics,
eds. G. Radnitzky and P. Bernholz, 1987: 283 – 331. New York: Paragon House. / Stroebe,
W. and B. S. Frey, 1980. In Defense of Economic Man: Towards an Integration of Economics
and Psychology. Zeitschrift fur Volkswirtschaft and Statistik 2: 119 – 148.

［18］ ELLIOT FRATKIN, ERIC ABELLA ROTH. Drought and Economic Differentiation Among
Arial Pastoralists of Kenya ［J］. Human Eoology, 1990, 18 (4): 385 – 390.

［19］ GUFU OBA. New Perspectives on Sustainable Grazing Management in Arid Zones of Sub –
Saharan Africa ［J］. Bio Science, 2000 (1).

［20］ JAMES E. ELLIS. Stability of African pastoral ecosystems: Alternate paradigms and impli-
cations for development ［J］. Journal of Range Management, 1988 (11).

［21］ WILLIAM BEINERT. Agricultural Planning and the Late Colonial Technical imagination:

The Lower Shire Valley in Malawi, 1940 – 1960［M］. in Malawi：An Alternative Pattern of Development，proceedings of a seminar held at the Centre of African Studies，University of Edinburgh，May 14and 25，1984：95 – 148.（Edinburgh：Centre of African Studies，University of Edinburgh，1985）

［22］JIN ZHENG. An Overview of Cultural Ecology and Ecological Anthropology［J］. 青年科学，2009（5）.

［23］Rober Eyestone. The Threads of Public Policy［M］. NewYork：Indianapolis，1971.

［24］额·额尔敦扎布. 游牧经济论（蒙古文）［M］. 呼和浩特：内蒙古教育出版社，2006.

［25］朱峰. 清朝时期内蒙古社会土地（草牧场）所有制及阶级关系之变化［J］. 蒙古历史语文（蒙古文），1958（11）.

［26］［蒙古］达·巴扎尔古尔. 草原畜牧业地理（西里尔蒙古文）［M］. 蒙古国出版.

［27］［美］卡罗林·汉弗莱，等. 内亚文化与环境（蒙古文）［M］. 乌仁其木格，译. 呼和浩特：内蒙古人民出版社，2001.

［28］［日］今西锦司·遊牧論そのほか［M］. 日本：平凡社，1995.

［29］［日］福井胜义·谷泰. 牧畜文化の原象［M］. 日本：东京社，1987.

汉文文献：

［1］宋波，等. 应用牧草生长—消费模型分析牧民的放牧行为——作为对政府管理行为的建议［J］. 草业学报，2005（4）.

［2］达林太. 内蒙锡林郭勒盟草原牧民联户轮牧，保护和继承草原文化项目报告书（内部资料）［R］. 2006. 李文军，张倩. 分布型过牧——一个被忽视的内蒙古草原退化的原因［J］. 干旱区资源与环境，2008（12）.

［3］内蒙古统计局. 内蒙古统计年鉴：2004 年［M］. 北京：中国统计出版社，2004.

［4］内蒙古草地资源编委会. 内蒙古草地资源［M］. 呼和浩特：内蒙古人民出版社，1990：46.

［5］盖山林，盖志毅. 文明消失的现代启悟［M］. 呼和浩特：内蒙古大学出版社，2002.

［6］姚锡光. 筹蒙刍议：实边刍议［M］. 台北：文海出版社，1965.

［7］包玉山. 内蒙古草原退化沙化的制度原因及对策分析［J］. 内蒙古师范大学学报（哲学社会科学版），2003（4）.

［8］包玉山. 蒙古族游牧业与农业——兼评畜牧业落后论［J］. 内蒙古师大学报，1999（1）.

［9］敖仁其. 对内蒙古草原畜牧业的再认识［J］. 内蒙古财经学院学报，2001（3）.

［10］敖仁其. 草原放牧制度的传承与创新［J］. 内蒙古财经学院学报，2003（3）.

［11］恩和. 草原荒漠化的历史反思——发展的文化纬度［J］. 内蒙古大学学报（人文社会科学版），2003（2）.

［12］王俊敏. 草原生态重塑与畜牧生产方式转变的大生态观［J］. 中央民族大学学报（哲学社会科学版），2006（6）.

［13］李文军，等. 解读草原困境——对于干旱半干旱草原利用和管理若干问题的认识［M］. 北京：经济科学出版社，2009.

［14］［美］巴里·康芒纳. 封闭的循环——自然、人和技术［M］. 侯文蕙，译. 长春：吉林人民出版社，1997.

［15］杨理. 完善草地资源管理制度探析［J］. 内蒙古大学学报（哲学社会科学版），2008（11）.

［16］盖志毅. 制度视域下的草原生态环境保护［M］. 沈阳：辽宁民族出版社，2008.

［17］陈巴尔虎旗志编辑委员会. 陈巴尔虎旗志［M］. 呼伦贝尔：内蒙古文化出版社，1998.

［18］［英］凯·米尔顿. 环境决定论与文化理论——对环境话语中的人类学角色的探讨［M］. 袁同凯等译. 北京：民族出版社，2007.

［19］尹绍亭. 一个充满文化生态体系——云南刀耕火种研究［M］. 昆明：云南人民出版社，1991.

［20］尹绍亭. 森林孕育的农耕文化——云南刀耕火种志［M］. 昆明：云南人民出版社，1994.

［21］［美］朱利安·史徒华. 文化变迁的理论［M］. 张恭启，译. 台湾：远流出版事业股份有限公司，1989.

［22］［美］唐纳德·L. 哈迪斯蒂. 生态人类学［M］. 郭凡，邹和，译. 北京：文物出版

189

社，2002.

[23] [美] R. MCC. 内亭. 文化生态学与生态人类学 [J]. 民族译丛，1985（3）.

[24] [日] 田中二郎. 生态人类学 [J]. 民族译丛，1987，（3）.

[25] 田红. 生态人类学的学科定位 [J]. 贵州民族学院学报（哲学社会科学版），2006
（6）.

[26] 蒋俊. 生态人类学概论 [J]. 青海社会科学，2007（4）.

[27] 裴盛基，等. 西双版纳轮歇农业生态系统生物多样性研究论文报告集 [M]. 昆明：
云南教育出版社，1997.

[28] 韩建国. 草地学 [M]. 北京：北京农业出版社，2007.

[29] 崔明昆. 植物与思维——认知人类学视野中的民间植物分类 [J]. 广西民族研究，
2008（2）.

[30] 崔明昆. 云南新平花腰傣野菜采集的生态人类学研究 [J]. 吉首大学学报（社会科
学版），2004（4）.

[31] 杨圣敏. 环境与家族——塔吉克人文化的特点 [J]. 广西民族学院学报，2005（1）.

[32] 麻国庆. 草原生态与蒙古族的民间环境知识（汉文版）[J]. 内蒙古社会科学，2001
（1）.

[33] 张国志，盖志毅. 乌兰夫定居游牧思想及启示 [J]. 内蒙古财经学院学报，2008
（1）.

[34] 杨庭硕，罗康隆，潘盛之，等. 民族·文化与生境 [M]. 贵阳：贵州人民出版
社，1992.

[35] [日] 吉田顺一. 日本人对呼伦贝尔地区的调查 [J]. 蒙古学信息，2002（3）.

[36] 敖登图亚. 内蒙古草原所有制和生态环境建设问题（汉文版）[J]. 内蒙古社会科
学，2004（11）.

[37] 敖仁其. 草牧场产权制度中存在的问题及其对策 [J]. 北方经济，2006（7）.

[38] 李文军，等. 分布型过牧——一个被忽视的内蒙古草原退化的原因 [J]. 干旱区资
源与环境，2008（12）.

[39] 王晓毅. 环境压力下的草原社区——内蒙古六个嘎查村的调查 [M]. 北京：社会科
学文献出版社，2009.

[40] 杨庭硕. 人类的根基——生态人类学视野中的水土资源 [M]. 昆明：云南大学出版社，2004.

[41] 崔海洋. 人与稻田——贵州黎平黄岗侗族传统生计研究 [M]. 昆明：云南人民出版社，2009.

[42] 罗康隆. 文化人类学论纲 [M]. 昆明：云南大学出版社，2005.

[43] 罗康隆. 文化的适应与文化的制衡——基于人类文化生活的思考 [M]. 北京：民族出版社，2007.

[44] 崔海洋. 生态人类学的理论架构论略 [J]. 贵州民族学院学报（哲学社会科学版），2006（6）.

[45] 陈心林. 生态人类学及其在中国的发展 [J]. 青海民族研究，2005.（1）.

[46] [美] 迈克尔·赫茨菲尔德. 人类学观点：惊扰权力和知识的结构 [J]. 中国社会科学杂志社；人类学的趋势 [M]. 北京：社会科学文献出版社，2000.

[47] [美] 唐纳德·沃斯特. 自然的经济体系 [M]. 北京：商务印书馆，2007，211.

[48] [法] 格鲁塞. 草原帝国 [M]. 魏英邦，译. 西宁：青海人民出版社，1991（3）.

[49] [俄] 符拉基米尔佐夫. 蒙古社会制度史 [M]. 刘荣焌，译. 北京：中国社会科学出版社，1980.

[50] 巴文泽. 浅析进化论在中国传播的内部机制. 社会科学战线，2008（8）.

[51] [古希腊] 亚里士多德. 政治学 [M]. 吴寿彭，译. 北京：商务印书馆，1983.

[52] [美] 埃莉诺·奥斯特罗姆. 公共事物的治理之道——集体行动制度的演进 [M]. 余逊达译. 上海：生活·读书·新知三联书店，2000.

[53] [荷] 何·皮特. 谁是中国土地的拥有者——制度变迁、产权和社会冲突 [M]. 林韵然，译. 北京：社会科学文献出版社，2008：222.

[54] 孙儒泳，等. 基础生态学 [M]. 北京：高等教育出版社，2002.

[55] [美] 唐纳德·沃斯特. 尘暴——1930年代美国南部大平原 [M]. 侯文蕙，译. 上海：生活·读书·新知三联书店，2003：4.

[56] 穆长虹，等. 放牧生态系统的种群调节—正反馈和负反馈 [J]. 草业科学，1992（9）.

[57] [日] 田中二郎. 生态人类学 [M]//绫部恒雄. 文化人类学的十五种理论. 香港：

中国国际文化出版公司，1987：115－126.

[58] 秋道智弥，等. 生态人类学 [M]. 范广融，尹绍亭，译. 昆明：云南大学出版社，2006.

[59] 庄孔韶. 人类学通论 [M]. 太原：山西教育出版社，2002：126－150.

[60] [美] 麦克尔·赫兹菲尔德. 什么是人类常识：社会和文化领域中的人类学理论和实践 [M]. 刘珩，石毅，李昌银，译. 北京：华夏出版社，2005：194－216.

[61] [美] 克利福德·格尔茨. 文化的解释 [M]. 韩莉，译. 上海：译林出版社，1999：51.

[62] 景爱. 沙漠考古通论 [M]. 北京：紫禁城出版社，2000.

[63] 李博，等. 中国的草原陈巴尔虎旗史料 [M]. 北京：科学出版社，1992.

[64] 刘治国，等. 陈巴尔虎旗退化草地价值核算的研究 [J]. 甘肃科技，2009 (15).

[65] 张正明. 内蒙古草原所有权问题面面观 [J]. 内蒙古社会科学，1982 (4).

[66] 陈巴尔虎旗史料编写组. 陈巴尔虎旗史料（蒙古文）[M]. 呼伦贝尔：内蒙古文化出版社，1990.

[67] 陈巴尔虎旗农牧局. 农牧业信息 [Z]. 2005－4－20.

[68] [英] 齐格蒙特·鲍曼. 全球化——人类的后果 [M]. 周宪等，译. 北京：商务印书馆，2001.

[69] 曾昭海，胡跃高，等. 呼伦贝尔区域生态系统发展态势能值分析——以陈巴尔虎旗为例 [J]，农业现代化研究，2006 (1).

[70] 葛根高娃. 生态伦理学理论视野中的蒙古族生态文化 [J]. 内蒙古大学学报（人文社会科学版），2002 (4).

[71] 胡涛，等. 沙尘暴产生的环境管理体制根源分析及对策研究 [J]. 环境科学研究，2006 (19).

[72] 布赫. 布赫同志在全区牧区工作会议上的讲话（1985 年 8 月 8 日），内蒙古畜牧业文献资料选编 第二卷（下）[R]. 内蒙古党委政策研究室，内蒙古自治区农业委员会编印内部资料.

[73] 高文德. 中国历史上游牧经济的共性和特性 [J]. 中国经济史研究，1996 (4).

[74] [日] 小长谷有纪. 关于迁移游牧生产方式及其饮食结构的探讨 [J]. 祁惠君，译.

呼伦贝尔学院学报，2009（3）.

[75] 李·蒙赫达赉. 巴尔虎蒙古史 [M]. 呼和浩特：内蒙古人民出版社，2004.

[76] 内蒙古自治区畜牧厅. 内蒙古畜牧业发展概况 [M]. 呼和浩特：内蒙古人民出版社，1959.

[77] 内蒙古自治区经济社会发展报告 2006 [S]. 呼和浩特：内蒙古教育出版社，2007.

[78] 额尔敦扎布. 草牧场所有制问题 [J]. 内蒙古经济研究，1982.

[79] 荣志仁. 草原破坏亟待治理 [G] //草原牧区游牧文明论集. 内蒙古畜牧业杂志社，2000.

[80] 内蒙古党委政策研究室. 内蒙古畜牧业文献资料选编（第四卷）[G]. 内蒙古自治区农业委员会编印，1987.

[81] 内蒙古自治区草原管理暂行条例（一九六五年四月三十日草案）.

[82] 内蒙古自治区草原管理条例（一九七三年八月十八日）.

[83] 朱延生. 呼伦贝尔盟畜牧业志 [M]. 呼伦贝尔：内蒙古文化出版社，1991.

[84] 阿旺尖措. 草原家庭承包对牧区经济社会发展和生态保护的意义和作用 [R]. 北京：中国草业可持续发展战略论坛，2004.

[85] [英] 埃文思－普里查德. 努尔人——对尼罗河畔一个人群的描述 [M] //褚建芳，等，译. 生活方式和政治制度的描述. 北京：华夏出版社，2002.

[86] 兴安北省牧野概况. 1939（11）：5－8；王建革. 游牧方式与草原生态——传统时代呼盟草原的冬营地 [J]. 中国历史地理论丛，2003（18）.

[87] 中央人民政府政务院批转民族事务委员会第三次（扩大）会议关于内蒙古自治区及绥远、青海、新疆等地若干牧业区畜牧业生产的基本总结 [G]. 内蒙古党委政策研究室等编印. 内蒙古畜牧业文献资料选编：第一卷（综合）[G]. 1987（3）.

[88] 国际草原大会. 草原牧区管理——核心概念注释 [M]. 北京：科学出版社，2008：161.

[89] 麻国庆. "公"的水与"私"的水——游牧和传统农耕蒙古族"水"的利用与地域社会 [J]. 开放时代，2005（1）.

[90] 中国农业年鉴编辑委员会. 中国农业年鉴（1981）[M]. 北京：中国农业出版社，1982.

[91] 中共中央文献研究室. 三中全会以来重要文献选编（上卷）［M］. 北京：人民出版社，1982.

[92] 田聪明. 忆"草畜双承包"改革始末［J］. 中国民族，2008（4）.

[93] 布赫. 布赫同志在全区牧区工作会议上的讲话（1984年7月4日），内蒙古畜牧业文献资料选编 第二卷（下）［G］. 内蒙古党委政策研究室，内蒙古自治区农业委员会编印内部资料.

[94] 周惠. 谈谈固定草原使用权的意义（1984年5月），内蒙古畜牧业文献资料选编（第十卷）［G］. 内蒙古党委政策研究室，内蒙古自治区农业委员会编印内部资料.

[95] 呼伦贝尔盟畜牧业志编纂委员会. 呼伦贝尔盟畜牧业志［G］. 呼伦贝尔：内蒙古文化出版社，1992.

[96] 杨思远. 巴音图嘎调查［M］. 北京：中国经济出版社，2009.

[97] 敖仁其. 制度变迁与游牧文明［M］. 呼和浩特：内蒙古人民出版社，2004.

[98] 李亦园. 生态环境、文化理念与人类永续发展［J］. 广西民族学院学报（哲学社会科学版），2004（7）.

[99] ［法］莫里斯·古德利尔. 礼物之谜［M］. 王毅，译. 上海：上海人民出版社，2007.

[100] ［美］拉尔夫·林顿，人格的文化背景［M］. 于闽海，陈学晶，译. 桂林：广西师范大学出版社，2007.

[101] ［德］恩斯特·卡西尔. 人文科学的逻辑［M］. 关子尹，译. 北京：中国人民大学出版社，2004.

[102] ［美］E. 哈奇. 人与文化的理论［M］. 黄应贵，郑美能，译. 哈尔滨：黑龙江教育出版社，1988：114-131.

[103] 章树林等. 牧民定居后牲畜发生应激及其预防［J］. 新疆畜牧业，2000（1）.

[104] 周惠. 谈谈固定草原使用权的意义［J］. 红旗，1984（5）.

[105] ［美］詹姆斯·C. 斯科特，国家的视角［M］. 王晓毅，译. 北京：社会科学文献出版社，2004：298-305.

[106] ［美］罗伯特·C. 尤林. 理解文化——从人类学和社会理论视角［M］. 北京：北京大学出版社，2005.

［107］尹绍亭. 一个充满争议的文化生态体系——云南刀耕火种研究［M］. 昆明：云南人民出版社，1991.

［108］郑飞. 文化选择中的价值取向研究［J］. 消费导刊，2009（1）.

［109］黄洪琳等. 文化适应——研究流动人口生育行为的新视角［J］. 社会科学，2004（5）.

［110］［美］露丝·本尼迪克特. 文化模式［M］. 王炜，译，北京：华夏出版社，1987.

［111］王建革. 农业渗透与近代蒙古草原游牧业的变化［J］. 中国经济史研究，2002（2）.

［112］海山.《人与草原》论坛 PPT 及录音资料［G］. 2009.

［113］胡筝. 农耕经济与游牧经济生态文明之比较［J］. 理论导刊，2005（11）.

［114］［美］J. H. 斯图尔德. 文化生态学的概念和方法［J］. 王文华，译. 民族译丛，1983（6）.

［115］［美］乔治·E. 马尔库斯，米开尔·M. J. 费彻尔. 作为文化批评的人类学——一个人文学科的实验时代［M］. 王铭铭，蓝达居，译. 北京：生活·读书·新知三联书店，1998.

［116］［美］古塔·弗格森. 人类学定位——田野科学的界限与基础. 骆建建，袁可凯，郭立新，等，译. 北京：华夏出版社，2005.

［117］陈庆德，等. 人类学的理论预设与建构［M］. 北京：社会科学文献出版社. 2006（6）.

［118］杨庭硕. 生态人类学导论［M］. 北京：民族出版社，2006.

［119］尹绍亭. 人类学生态环境史研究［M］. 北京：中国社会科学出版社，2006.

［120］吴正彪. 生态人类学的学科发展困境及思考［J］. 文山师范高等专科学校学报，2008（3）.

［121］［美］查尔斯·沃尔夫. 市场或政府——权衡两种不完善的选择［M］. 马淇，孙尚清. 北京：中国发展出版社，1994.

［122］徐斌. 从人学的视角看制度的本质、功能及其局限［J］. 理论前沿，2009（3）.

［123］陈文言. 浅论区域创新及其系统的构建［J］. 人文地理，2001（1）.

［124］杨育光. 简论政策的本质［J］. 理论前沿，1986（3）.

［125］庄孔韶. 从生态、文化到个体的观察看文化自主性［J］. 开放时代, 2006 (1).

［126］王建革. 近代内蒙古草原的游牧群体及其生态基础［J］. 中国农史, 2005 (1).

［127］庄孔韶. 人类学观点——中国文化的选择与分解［J］. 云南社会科学, 1987 (6).

网络来源资料:

［1］中央电视台. http：//www. cctv. com《今日说法》栏目, 2003 – 3 – 14.

［2］人民网. http：//env. people. com. cn. 合作共赢·第三届 SEE·TNC 生态奖颁奖. 2009 年 04 月 23 日 14：37 来源：人民网环保频道.

［3］中国草原网. http：//www. grassland. gov. cn/GrasslandWeb. 农业部草原监理中心主办, 2009 – 4 – 21.

原博士毕业论文后记

自读博以来，我的博士论文选题曾几度易改，最终选择这个题目，源于我对内蒙古草原本能的、深切的热爱。从论文的开题到完成，导师尹绍亭先生悉心指导，不厌其烦地反复与我讨论，尤其是在我写作中遇挫不前的时候，导师的几句点拨每每能让我有醍醐灌顶的感觉。同时感谢师母长期以来对我的关心和爱护。

对于我的民族在与草原生态环境漫长的共存过程中所创造的文化，我自然有种优越感和敝帚自珍的情愫，要想摆脱它对我思想的主导并不是件容易的事。不过我最终的目标是用更开阔的视野去看待其变迁轨迹和所遭遇的挑战，在人类学的学术之旅中我将不懈追求客观，努力做到符合逻辑，行之成理。

感谢王文光教授、瞿明安教授、杨福泉研究员、郑晓云研究员以及师兄崔明昆教授在本博士论文的开题及写作之初提出诸多有益的建议；感谢杨洪林老师向我推荐了多本参考书籍，让我获益匪浅；感谢杨雪吟师姐，写作过程中的相互鼓励给了我更多的动力和信心。

感谢广西民族大学的袁鼎生教授、吉首大学的杨庭硕教授、罗康隆教授为我赠书解惑；感谢内蒙古社科院的敖仁其研究员、北京大学的李文军教授、清华大学的于长青教授、中国社会科学院的王晓毅研究员、内蒙古师范大学的刘书润老师曾为我提供的帮助和指导。

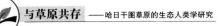

衷心感谢在田野调查期间提供资料，给予我帮助和便利的人：陈巴尔虎旗朝乐门副旗长，呼和诺尔镇的宝乐尔镇长、统计员苏乐德、秘书甄娜，陈巴尔虎旗农牧局巴彦塔拉局长，斯琴毕力格副局长，经管站的全体工作人员，巴亚尔图嘎查书记、额尔敦巴亚尔老人，牧民胡毕斯嘎拉图一家、牧民张文林、宝柱一家以及所有接受过我访谈的人们。

感谢崔海洋、杜薇、陶琳、谭晓霞、张海超、李杉婵、盛艳，以及所有我无法在这里——提及的同学和朋友长期以来的帮助、鼓励和友谊。

最后，感谢我的家人多年来对我的支持和关爱。儿行千里，亲恩未报，对于我是难以言尽的愧疚。

乌尼尔

2010 年 5 月于昆明

出版后记

得知拙作有幸被列入《生态人类学丛书》的出版计划内，实感惶恐。虽然毕业后的这三年内所关注的仍然是与草原相关的生态人类学问题，但对毕业论文却是再未动笔，搁置至今。确定出版计划后着手修改，慨叹草原问题之庞大与深刻，引用韩念勇老师的一句话："面对如此复杂的课题，我们的每份研究都如同在盲人摸象。"在牧区调查的时间越长，了解的东西越多，便愈加感到草原生态问题细节之烦琐，涉及人群之众，覆盖范围之广，产生影响之深远。此次修改，加入了自毕业以来自己在牧区调查所获资料，删除了部分陈旧的数据和资料以及不成熟的观点，也引用了其他同领域学者的部分新成果。三年来，牧区的情况亦有所变化，其中不乏令民众欣慰之处，但也新出现了很多引人担忧的事情。在修改本文时虽然也尽量加入了些对新近情况的叙述和分析，但毕竟是以三年前的博士论文为基础，一来没有充足的时间去梳理最新资料，二来也觉得作为牧区阶段性研究之所获，亦或有其意义，或许可称之为笔者所摸之"象"吧。触碰到的局部越多，越有益于呈现完整、全面的草原生态问题。为此，我等"摸象"之人尚需不懈求索。

再次感谢在我开始准备毕业论文至今为我提供过帮助的人们。此数年间很多人的工作单位和职务都发生了变化，但与多位一直保持联系并深受关照，感谢。一位曾经为我提供过诸多详细信息的老人已于两年前去世，愿他人安息。

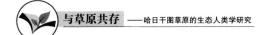

　　感谢我的好友孟涛、苏尼尔夫妇，那础格、萨仁高娃夫妇，为我的整个工作多次提供细致的帮助。感谢韩念勇老师、郑宏女士，他们分享的资料以及对草原牧民问题的深刻思索于我有诸多启发，受益多多。感谢内蒙古社科院草原文化研究所的各位同人的友好帮助，感谢已调任的乌恩老师对我的悉心指导。感谢新疆师大的崔延虎教授，让我关于草原的认知延伸至天山南北。感谢白爱莲女士对我相关研究的支持。感谢张倩、陈祥军，与他们的交流让我屡有收获。工作以来参加了多次学术会议，屡受前辈学者们的提携，会间会后与各位的交流，每每对我启发良多，在此无法一一致谢，谨祝大家工作顺利。

　　感谢我所有亲人的信任和支持，感谢我的爱人对我的时时督促与关爱。

2014 年 3 月 10 日于北京